あしたの履歴書――
目標をもつ勇気は、進化する力となる

未來
履歴書

人生100年時代，
設計你的未來商業藍圖

人才專家
高橋恭介
KYOSUKE
TAKAHASHI

經營顧問
田中道昭
MICHIAKI
TANAKA
——著

王愉琮
——譯

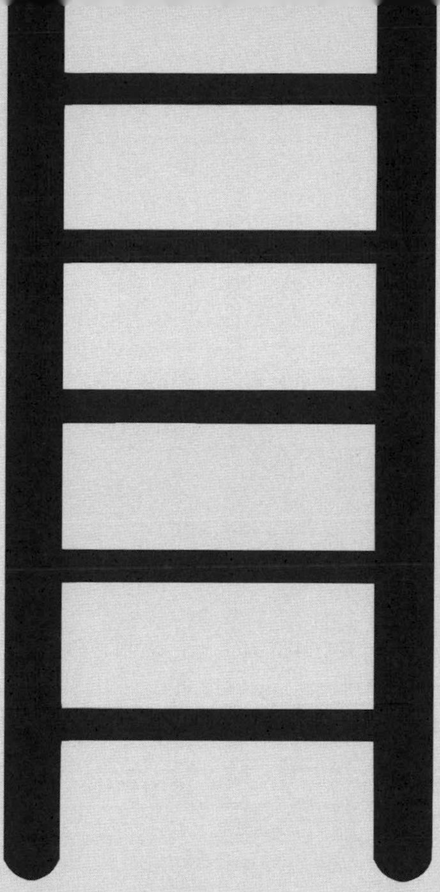

推薦序

すいせんの序

FOREWORD

推薦序——這一生，你想留下什麼？

我的朋友都知道，我是一個「時間管理怪物」。從二〇一四年立志全職寫作開始，每天都覺得時間不夠用；加上二十八歲才從工廠離職，人生軌道大轉彎，更覺得沒有多餘時間可以浪費。因此我建立了一套規畫未來的方式，這方式請容我先賣個關子。

時間轉到二〇一八年，日籍投手大谷翔平加入美國職棒大聯盟而爆紅，年僅二十三歲的他讓許多人十分好奇——年紀輕輕，一路上是如何鍛鍊的呢？大谷的高中教練透露，高一時他為了磨練自己，以「九宮格」為基底，製作一張「目標達成表」。他在九宮格的正中央填入「大目標」：高中畢業前同時成為八個球隊的第一選擇；圍繞的八格則是為了達成大目標要做到的「小目標」，分別寫下：體格、控球、球質、球速、變化球、運氣、人氣、心理。而每個小目標又環繞八個具體步驟，總共六十四個步驟要執行。十六歲的大谷翔平就是根據這些複雜的步驟，按表操課，增強實力，最終達成目標。而這份九宮格表，也是我在二〇一四年執行的方法。

當年，我在九宮格正中央寫下「成為職業作家」的大目標，外圍的八個小目標分別是「每天創作」「累積人氣」「個人定位」「網路行銷」「參賽投稿」「保持閱讀」「建立資料庫」「保持健康」；每個小目標也各有八個步驟要執行。二年之後，我累積寫了上百萬字、得了小說獎、出版自己的書、擁有超過百萬人次瀏覽的個人網站，這一切的起因都來自於這個九宮格表。

直到今天，我都會定期做目標管理，具體訂下五年目標、三年目標、今年目標、每月事項，並時時檢討與修正。因此當我拜讀《未來履歷書》時，對於書中的時間管理與目標規畫深感共鳴，尤其是這段話：

「成功人士都有一個共通點——重視手邊的工作（哪怕是例行公事），毫不馬虎；同時擁有長遠的願景或任務，扎實地耕耘。」

人生的確是這樣：不怕路遠，只怕沒方向；不怕夢大，只怕不踏實。目標與執行這二項就像是火車軌道的二條平行鋼軌，火車少了任一條鋼軌便無法行駛，一如夢想少了目標或執行任一項都難以達成。只要有「明確立志、低頭做事」的態度，每個人一定能達成自己的夢想。

本書最後也提出「三十年計畫」，把人生目標推展到終極，讓我們自問：「這一生，你想留下什麼？」每個人的人生都是一部電影，而你是這部人生電影裡的唯一主角，只有你能定義這部電影的寓意，也只有你能決定未來電影的劇情。訂下自己的三十年計畫，正是找出人生答案的方式之一，為平凡的一生，留下不凡的創舉。

——李洛克（故事革命創辦人）

推薦序——用「未來履歷書」訂定自己的航行目標

每天被工作追著跑的你，是不是覺得忙完一個專案又緊接著下一個？此時此刻，好像每天都在瞎忙，看不到未來，漸漸對人生充滿不安，不確定自己要什麼？可以做什麼？所謂的目標又是什麼？

最近與剛出社會的年輕朋友分享時，ＱＡ時段中一定會出現這樣的提問：

「請問Vicky如何規畫自己三年後、五年後或十年後的職涯呢？」

這個問題，其實呼應了剛出社會的我找工作時，在面試中最常被問到：

「妳想過三年後、五年後或十年後，要成為什麼樣的人嗎？」

每次準備這樣的面試題目總令我百思不得其解，畢竟職涯都還沒開始，就要思考結束；加上社會變遷如此快速，明年的我在哪裡都不確定，又該如何回答這種虛無縹緲的假設性議題呢？

這個假設性問題在我的心中縈繞了一段時間，直到我讀到這本《未來履歷書》，才發現原來可以利用「昨日履歷書」肯定真實的自己，再運用「今日履歷書」定位自我價值觀，來創造專屬的「未來履歷書」。書中滿載各式表單和問題，可以有效檢驗過去做過的事情與現在投入的時間，進而找出自己的定位；不僅能為自己設定三年後的目標，也可用十年為單位來思考長期目標。

看完這本書後，我實際盤點自己所擁有的東西——數據分析、個人品牌、英語能力，也思考未來想要成為什麼樣的人。以下分享我透過本書實作的「未來履歷書」：

- **白海策略：**與其朝個人品牌這塊紅海發展，我更想努力精進分析數據的能力。
- **深度變化：**我參考許多職場相關的Role Model，特別是偶像雪柔．桑德伯格（Sheryl Sandberg）影響我最深。

● **三年後的目標：**進到互聯網企業從事數據分析的工作，同時研究需要具備什麼樣的能力、如何理解市場環境等。

● **五年後的目標：**晉升管理階層，培養「團隊領導力」，帶領團隊做市場規畫。

● **十年後的目標：**打造個人公司或微創業，活出自己的人生和態度；同時分享自己的經驗，提攜更多後輩。

我們總以為自己無法做到某些事情，但其實並不是我們無法，而是恐懼阻擋作夢的能力與低估自己的潛力。其實，有成就的人並非他們特別有才能，而是心中有願景，並有極高的自我掌握度，同時願意承擔風險，創造屬於自己的未來。

我開始工作之後，才發現有「計畫」很重要，更體會到「以終為始」，若心中沒有藍圖，便容易迷失方向。有了目標與方向，即使不能百分之百預測未來，但在航行的途中也不至於恍惚不定。

作者分享一句讓我十分有感的話：

「要記住，答案絕對在你的心中。」

你心中是否已隱約有答案，卻仍躊躇不前呢？那我十分推薦這本書，來訂定自己的航行目標。

——鋼鐵V（個人品牌家、數據分析師）

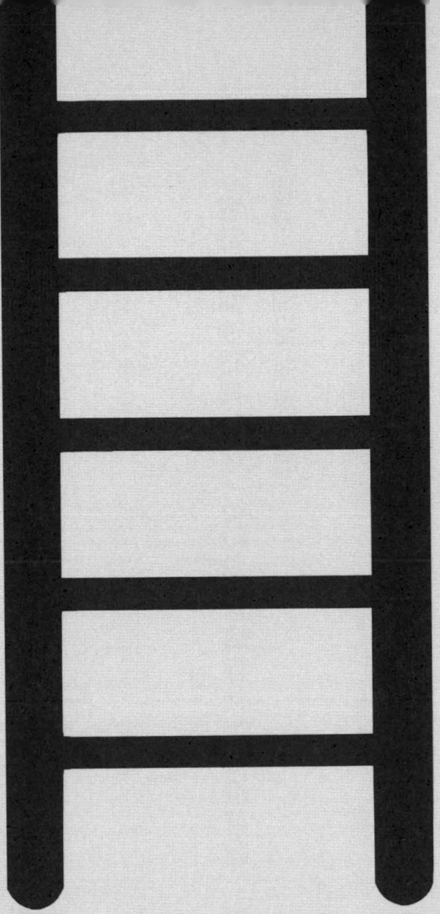

前言

はじめに

PREFACE

前言——用「未來履歷書」引發你的「深度變化」

現在，你的人生是處於「登山」的階段？還是「泛舟」的狀態呢？

「我每天都很認真工作，但好像永遠都被工作追著跑，也找不到自己的人生目標，過得渾渾噩噩的……」

應該不少人都有這種感覺吧？

生涯設計論中，會將人的生涯分為「泛舟型」和「登山型」。前者是指遵循一般的升遷管道，或者按照前輩的生涯路徑，將生涯規畫的自主權交給他人；後者是指猶如登山，自己選擇「攻頂」的最佳路線與方式，確實掌握自己的未來發展。

特別是剛出社會的新鮮人，往往都處於「泛舟」的狀態，因為不知道自己真正想追求的是什麼，於是人云亦云，隨波逐流。

圖1　你的生涯是「泛舟型」？還是「登山型」？

處於「泛舟」狀態的你，即使不知道自己的未來方向，仍然順著水流，奮力前進吧？有時，會在途中認識各領域的朋友而產生戲劇性的轉變，有機會發現自己真正想做的事和目標，甚至找到更深層的存在意義和使命。換句話說，這代表你的生涯已經開始轉為「登山型」了。因為人一旦知道具體的方向，就會迫不及待想展開行動。

那麼，要如何改變現狀呢？首先，必須主動讓自己產生「深度變化」。

「深度變化」是指，從「隨波逐流，對未來迷惘」的「泛舟」狀態，轉變為「自己主動決定未來」的「登山」狀態。這裡想先提醒大家一點：「登山」並不一定是轉職，雖然對於許多工作者來說多半會存在這個選項，然**而，轉職不見得就代表你掌握生涯規畫的自主權，因為沒有經過「深度變化」的轉職，之後通常也會遇到相同的煩惱。**

所以本書的目的之一，就是協助讀者在目前的工作中讓自己產生「深度變化」。產生「深度變化」後，再由自己選定一座山，並開始「攻頂」。這會讓你做任何事情都更有計畫、更有策略，也容易認識不同領域的人，學習更多的知識。你也會從目前的工作中找出樂趣和意義。

「未來履歷書」就是要提供你具體的方法。趕快按照書中的做法，為自己設計「未來履歷書」，引發「深度變化」吧！「未來履歷書」不但有助於你清楚掌握未來的發展，也能提升個人的市場價值。

來自1千間新創企業、10萬名工作者、1千萬筆專案的大數據分析

本書作者之一的高橋恭介於二〇〇八年設立明日之團股份有限公司（以下簡稱「明日之團」），專門協助新創公司或中小企業制定人事考核制度。「明日之團」的人事考核制度可根據員工的行為和績效給予正確的評價，因此有助於改善員工的工作表現和提升公司整體的業績。

「明日之團」至今（編按：二〇一七年年底）已協助一千間企業，幫助十萬多人，完成高達一千萬項的目標設定，從規畫目標、制定行動計畫，到達成目標都累積不少經驗與知識。「明日之團」將這些豐富的知識與人事的大數據分析，創立一套全新的目標管理法——「未來履歷書」，並成立教育事業「ＭＶＰ俱樂部」，開設「未來履歷書」講座，為企業和個人提供相關課程。

另一位作者田中道昭是「ＭＶＰ俱樂部」的合夥人兼講師。他為企業研修與個人進修教導「未來履歷書」課程，具體協助過許多人。

田中道昭經歷日本的巨型銀行（Mega bank）和專案融資（Project

finance）工作後，取得芝加哥大學ＭＢＡ。曾任外資金融機關管理高層，目前身兼立教大學商學院教授、上市公司董事、經營顧問多職，以優秀的領導力和管理能力指導過許多人。求知慾旺盛，持續在美國等地學習最先進的知識與技術。

本書根據「市場價值確實提升的工作者」的人事大數據分析，傾注經營管理學、行為科學、心理學等豐富的理論，加上主動學習法等先進的知識和精髓，獨創「未來履歷書」這套目標管理法。若你能實踐本書內容，一定會感到自己的市場價值確實提升。

「未來履歷書」中也有各式各樣的祕訣。例如：「未來履歷書」課程中，會根據目標的記述內容「具體」與否，嚴格區分為「一般表達」（又稱「禁用詞彙」，詳見第六章）與「具體表達」。這是為了讓學員能快速想像正在行動或工作時的自己，透過想像來設定目標，也能促進自發性的行動。

或許，你已經發現自己在目前的職場和商場上沒有絕佳的機會，這不只因為就職市場薪資低迷，也由於物聯網（Internet of Things, IoT）和人工智慧

（AI）所帶來的第四次產業革命，讓整個世界產生極大的變革。

然而也因此，商業資訊的傳遞速度加快，小公司掌握新技術後反過來勝過大企業的情況經常發生。在這樣的時代，更應該將革命性的思想與技術廣泛運用，協助新創公司和中小企業靠著創造力與執行力讓業績翻倍成長；對於個人來說也是如此。

#未來履歷書、#職務經歷書、#任務

人不能封閉自己的可能性，瞄準目標，踏實地前進，一定可以達到目標。但在這之前，必須讓自己產生「深度變化」。

首先，與各位分享「未來履歷書」的概念，其實非常簡單——肯定自己的過去，重新審視現在，立定未來目標。你會因此重新愛上目前的工作，今後也能擁有更好的發展。

本書的最大目的就是提升你的市場價值。一般常見的履歷書與「職務經歷書」不是只用來轉職，可說是每個人規畫生涯與設計人生的二大必備資料，

特別是「職務經歷書」能展現你的市場價值，然後再以此為基礎，描繪自己的生涯路徑。第六章還會詳細介紹「職務經歷書」的進化版——「未來職務經歷書」。

「未來履歷書」重視實務技能的發展，以「職務經歷書」為骨幹，依照各種表單與工具，設定自己三年後的目標，甚至也建議大家能以十年為單位來思考，設定十年後、二十年後、三十年後的中長期目標。一旦你設定好中長期目標，便能跨越心理障礙，跳脫常識的框架，發現內心深處真正想追求的事物——「未來履歷書」稱之為「任務」。與三年後的目標相比，「任務」能與社會有所連結，讓你深思「這一生，你想讓人記得你的什麼？」因此又能引發你產生第二次的「深度變化」。

人通常只會考慮眼前的事物或短期的目標，但是，**你有沒有想過十年後，甚至三十年後的自己，會是什麼樣子呢？**沒有中長期目標，容易迷失自我，讓思考止步不前。而「未來履歷書」是利用行為科學的方法，引導潛藏在你內心深處的長期目標或任務。

成功的商務人士和經營者都有一個共通點——重視手邊的工作（例行公

事），毫不馬虎；同時擁有長遠的願景或任務，扎實地耕耘。更優秀的經營者甚至會以一百年這種超長期跨度來思考自己的任務。這就像在畫一個無法靠自己一人完成的大圓，雖然一開始只能畫出一部分弧線，但靠著繼承事業的眾人就能將大圓給完成。這些經營者之所以能成就偉大的事業，就是因為擁有這樣的思維。尤其在人類壽命可達一百年的現代，這種觀點將變得愈來愈重要。

或許，目前的你仍然不知道自己真正想做的事、這一生想追求的事，然而答案必定存在於你的心中。想反轉「隨波逐流」的人生，靠的其實不是外界的力量，而是源自於內在的力量。請透過「未來履歷書」，讓自己產生「深度變化」，找出願景或任務這種長期目標，計畫性地增加目前的自己「有能力做的事」，最後一定能達成目標。

正如前述，本書的目的不在於幫助讀者轉職或創業，而是在你目前的工作中規畫自己的生涯。本書要協助你達成的不只是事業上的成功，還要引導你與社會有所連結。或許你會以此為契機，成為一位政治家或國際運動倡導者也不一定？
要記住，答案絕對在你的心中。若能幫助你引導出答案，是本書的榮幸。

高橋恭介
田中道昭

目次

もくじ

CONTENT

CONTENT

目次

I

「未來履歷書」的時代！

——從世界趨勢的巨變，建立新型態的工作觀

「あしたの履歴書」が求められる時代がやって来た

II

用「未來履歷書」練就AI時代的最強武器

——「建立論點的能力」×「設定長期目標的能力」×「創造未來的能力」

「あしたの履歴書」が未来を創る力になる

III

用「未來履歷書」為自己的人生自導自演！

——翻轉隨波逐流的平庸人生

自ら人生の脚本家となり、主人公となる

137 對自己說「You are OK」的「自我領導力」

IV

用「昨日履歷書」肯定真實的自己

——找出自己真正的武器

「きのうの履歷書」

V

用「今日履歷書」重新愛上你的工作
——挖掘沉睡在深處中的優勢

「きょうの履歴書」

VI 用「3年後的未來履歷書」提升你的市場價值
——如何讓未來變得明確？

3年後の「あしたの履歴書」

VII 用「未來PDCA」進化行動目標

——加速PDCA運轉，優化「勝任力」

目標も進化する「あしたのPDCA」

VIII

「未來履歷書」高階版——「30年計畫的未來履歷書」

——這一生，你想留下什麼？

「あしたの履歴書」30年計画編

「未來履歷書」的時代！
——從世界趨勢的巨變，建立新型態的工作觀

「あしたの履歴書」が求められる時代がやって来た

I

Life Shift——「人生100年時代」來臨！

首先，第一章以現代人為何需要「未來履歷書」來探討其發展背景。

我們面臨前所未有的產業「典範轉移」（Paradigm Shift），這是有如次元發生改變的「革命性變化」，這樣的變化無法從過去經驗找到線索，而是來自於全新的創意，我們過往的認知、習慣、思考、價值觀都將產生革命性的巨變與突破。或許生在這個時代的我們並沒有感受到多大的變化，然而將來人類在回顧歷史時，很可能會把二十一世紀視為重要的轉捩點。設計這套「未來履歷書」的「明日之團」也深感「典範轉移」牽涉到世界觀、人類觀、歷史觀、人生觀等龐大而多重範疇，因此本書抱持著強烈的使命感，為大家提供「未來履歷書」的概念與方法。

「典範轉移」的第一項特點是長壽時代即將到來，活到一百歲不足為奇。琳達・格拉頓（Lynda Gratton）與安德魯・斯科特（Andrew Scott）合著的暢銷書《100歲的人生戰略》（*The 100-Year Life: Living and Working in an Age of Longevity*）日文版序文中提到：

「直到二〇五〇年，日本超過一百歲以上的人口預計將突破一百萬人。（中略）估計二〇〇七年出生的日本兒童裡，將有半數會活超過一百零七年。特別是正在閱讀這篇文章、不到五十歲的你，可以將自己算在平均壽命長達百歲以上的時代。」

人類的平均壽命一旦長達百歲，各種人生大小事的規畫都會開始改變。《１００歲的人生戰略》也指出，工作、生活、教育、結婚、生育、高齡的定義都會產生巨變。例如：退休金等社會保障制度將會更改適用年齡，退休年齡也會往後延等等。

無論日本或其他國家，都已將高齡化視為社會問題，然而換個角度來想，**若今後必須工作到八、九十歲，我們需要用嶄新的方式重新描繪一張個人的「商業藍圖」**。假如你預計六十歲退休，那麼在接下來的三十年歲月，你的人生將變得如何呢？你或許仍與社會有所連結，甚至成為某領域的專家或顧問也不一定。

無論如何，這樣的世界趨勢要告訴我們一件事：**二十歲到四十歲世代的青壯年用「未來履歷書」來規畫自己三十年後的目標，一點也不奇怪，甚至是很明智的做法。**

設定三十年後的長期目標這件事，以你目前的條件來說確實難以實現，甚至沒有真實感。或許其他人還會說你「怪怪的」「天馬行空」「是在哈囉」，予以冷嘲熱諷，但其實，許多成就大事業的人最初也是備受嘲笑，所以你儘管放寬心，大膽規畫自己的未來就對了。

以三十年為範圍，你的規畫可以無限上綱，甚至突發奇想。只要解除內心的枷鎖，就能持續築夢。然而，若你以現實面為考量，那麼無論過了多少年，也不可能有創新的思維和行動。即使人人都嘲笑你在作夢，然而說不定你會因為這個夢想而改變心態，每天的工作也不再那麼死氣沉沉。

就如前述，實現偉大前程的經營者們，也是在他人的嘲笑中「從零到一」推動自己的事業。就連本書作者，在發表「未來履歷書」時也遭來大肆嘲笑。但是，**比起到了人生最後階段才後悔當初沒去做，或許現在被嘲笑還比**

較好。假使每個人的人生中都會遇到「害怕」「不安」「後悔」，從三者中選其一，**「後悔」才是最可怕的難關。**

「任務×願景×價值」的3位1體

如果完全以個人利益作為目標，其實無法持久，建議設定一個與社會有所連結的「任務」。任務（或者稱「人生任務」「企業任務」）這個關鍵字會在後續的章節陸續出現，所以先簡單定義一下。

企業策略理論中，位於金字塔的頂端就是「任務」，它是一種最本質的概念，意指使命、存在意義等；中間是「願景」，也就是目標、方向等較為具體的項目；底端則是「價值」，意即價值觀和行動準則。

這個概念也可以套用於個人。核心之處就是「任務」，再來是為了達成任務的「願景」，繼續往外擴展則是支撐願景的「價值」。這三項必須相互連結並貫徹到底。設計「未來履歷書」時，這個概念非常重要。

就業的終結——只待在大公司，就等著被炒魷魚

「典範轉移」的第二項特點是日本的勞工結構出現變化。

從二戰結束到高度成長期，日本企業對待勞工的政策有所謂的「三大法寶」——「終身僱用」「年功序列」「勞工工會」。

終身僱用和年功序列起始於大正末期至昭和初期。當時，精實勞工的轉職率特別高，五年以上資歷的員工有一成左右會跳槽到別的企業，勞工生態可說是流行「走為上策」。企業為了阻止人才持續外流，用定期加薪、提撥退休金、依照工齡提高工資等方式，將員工留到退休。

二戰結束後，日本社會處於勞動力不足的高度經濟成長期，許多日本企業紛紛將保障員工直到退休的制度作為基本待遇，也逐漸定型下來。

對於重視資本主義和個人主義的歐美國家來說，日本的這些制度簡直教人難以想像，還因此被全世界評為「日本第一」（Japan as number one）。

然而，泡沫經濟瓦解後，日本經濟進入長久的停滯期，這三大法寶無法維持原有的繁榮，因此日本企業力求改變，開始採取非正式僱用（人力派

遺）。此時，日本再也不能堅持原有的制度，為了因應時代潮流，當年堪稱黃金制度的終身僱用、年功序列逐漸崩解。頂著知名大學學歷到大企業上班，往後人生一路順遂的安穩時代也成為過去。

接著，知名企業開始出現裁員潮。員工發現，即使進入大企業，從此能一帆風順的工作型態僅是幻想，到頭來只是等著被裁掉而已。

然而，靠著日本獨特僱用制度在企業上班的工作者，不需要擁有技能、優秀表現，只要資歷和出勤率夠高，公司就會為他們加薪、分紅，因此日本企業的勞動生產力非常低。二〇一四年的數據顯示，三十四個OECD加盟國中，日本排第二十一名。在主要七個先進國家中，日本從一九九四年在勞動生產力排行上，年年吊車尾長達二十一年。

大企業有所謂的「新卒一括採用」，也是日本獨有的就職方式，企業每年會針對即將畢業的大學生進行人才招募，通常從大三就開始從事就職活動，通過企業的層層考核與面試，取得內部確定聘用，畢業後即可就職。然而，這樣的制度到最後也只是將剛進公司的優秀人才，打造成低生產力的一般員工。**日本大企業並不在乎培養個人的市場價值，僅是量產懂得巴結奉承的人**

罷了。

下一章會提到本書作者之一的高橋恭介，原是大企業集團的社會新鮮人，之後轉職到新創公司。從他的經驗來看，日本新創公司、中小企業相較之下更重視及早培養個人的職場技能。

這樣的公司規模雖小，但只要獲得社長一人許可，舉凡採購商品、請款、管理應收帳款等程序，必須由員工負全責並執行；反觀大企業由於是數千萬、數億日圓的交易，必須聽從直屬主管指示，向上呈報，經過同意後再交由相關單位負責，因此員工需要花很長的時間才能適應商界。

至於歐美各國企業之所以有較高的工作效率與優秀的工作表現，是因為一旦員工對組織設立的目標有所共識並且達標，公司便以內部人事考核制度評估，立刻反映到員工的個人報酬。在這樣的工作環境下磨練的員工，擔心自己會遭遇突如其來的裁員，因此隨時都在考取證照、於研究所進修、提高專業知識與技能，努力將自己的能力提升至專家的等級，成為資方的搶手人才。此外，例如線上學習，在美國由個人負擔學習成本是理所當然的，但在日本仍舊傾向由企業負擔員工的進修。

從以上幾點來看，日本的商務人士仍然不夠獨立自主，由於缺乏主見與創造力，即使企業提供線上學習也沒有什麼成效。

結果，終日碌碌無為、坐領乾薪，就此成為毫無市場價值的小咖。直到公司無預警倒閉，或者開始大量裁員而不得不轉職時，才恍然大悟：

「原來到了外面的世界，我什麼都不會……」

現在，你大概可以理解，為什麼留在無法有效考核人事的大企業中，只是在等老闆炒自己魷魚了吧？

重新定義ＡＩ——「外星人般的智慧」

「典範轉移」的第三項特點是ＡＩ、ＩｏＴ、大數據所引發的第四次產業革命。

雖然目前部分的就業市場仍有供不應求的情況，但若以十年為單位來思考，一旦ＡＩ技術普及就能解決人手不足的問題，甚至會搶走眾多勞工的飯碗。瑞士經濟學者暨世界經濟論壇（World Economic Forum, WEF）創始者的克勞斯．施瓦布（Klaus Schwab）博士，於二〇一六年一月舉辦的世界經濟論壇中發表了《未來工作報告》（*The Future of Jobs Report*），說明：

「AI、機器人技術、生化科技的發展將在五年內讓約五百萬名勞工失去工作。」

其他相同的研究報告也在日本造成很大的話題，然而大多數民眾卻認為這是很久以後才會發生的事。

美國已經開始正視這個隱憂，愈來愈多美國人對此提高危機意識，例如美國醫療機關導入ＩＢＭ的「華生」（Watson）ＡＩ電腦系統。這套系統不但可以進行診斷、治療計畫，也可用於法律界中準備審判資料，可說足以替代律師助理的工作。

行政工作已經很容易被ＡＩ取代，即使你從事的是專業技術職也是一樣。除了必須擁有成熟的專業技術與突出的職場技能外，也應避免讓自己的生涯處於「泛舟」狀態而最後失去工作，以上關鍵就在於是否擁有願景與任務。

然而，第四次產業革命其實也帶來正向的啟示——每個人都有「機會」！例如：以前根本無法想像新創公司可以發展出太空科技，甚至現在只要一個人就能向全世界一百多個國家銷售商品……網路和科技的發達，讓原本不可能的事變成可能。

其實，日本是最適合發揮ＩｏＴ效果的國家。只要老一輩的高手在傳統技藝中加入現代科技，就能再次提高傳統技藝的附加價值，而日本的技術和服務也可因此升級。抓住這個機會，日本中小企業還是有機會與世界各國展開商業往來。

另外，本書所說的ＡＩ，其實並不是指人工智慧，而是「如同外星人般的智慧」（Alien Intelligence）的意思。《連線》（*Wired*）雜誌創刊總編輯，同時在美國科技界擁有極大影響力的凱文．凱利（Kevin Kelly）先生，於著作中提到：

「AI這個詞的縮寫，並不是人工智慧（Artificial Intelligence）的意思，而是指人類完全無法想像、有如外星人般的智慧（Alien Intelligence）。」

凱文．凱利在《必然：掌握形塑未來30年的12科技大趨力》（*The inevitable: understanding the 12 technological forces that will shape our future*）中認為，討論AI是否會取代人類的工作只是在浪費時間，他的觀點如下：

「我們的工作應該是製作思考模式與人類完全不同的機器，創造與人腦本質相異的智慧。」

重新定義AI一詞後，相信各位讀者可以理解，我們今後的工作是創造與人腦本質相異的智慧，如此才能保有競爭力，這就是為何需要運用「未來履歷書」來磨練ＡＩ時代中不被取代的終極技能（第二章會詳細說明）。

每個人都可以抓到好機會，並決定勝負，所以，就讓我們運用「未來履歷書」設計三年後，甚至是以十年為單位的長期目標吧！

你喜歡目前的工作嗎？

在變革的時代中必須提升個人的市場價值與生產力，以及活化團隊、組織。然而，日本企業至今幾乎只在乎「顧客滿意度」（ＣＳ），以顧客第一為優先，但光靠這樣業績無法成長。

現在，市場潮流轉變為除了ＣＳ之外，更重視「員工滿意度」（ＥＳ），最近許多日本企業更以滿足二者為目標。ＥＳ固然重要，然而若企業目標僅是ＥＳ，無法增強員工的戰力，業績也看不到大幅的提升。這是因為，ＥＳ是讓員工對於「薪資」「待在這間公司」「職場人際關係」感到滿意，僅止於維持整體現狀，難有進一步的發展。

不過，話說回來，重視ＥＳ與企業提升獲利二事可能會相互矛盾。畢竟，員工待遇提升，相對的公司收益也會減少，導致ＥＳ淪為公司獲利的阻礙。當然，企業能善用ＥＳ來提升整體收益是最好不過，若非如此，給予員工好待遇、夠高的薪水、增加休假……員工只是從公司拿到所得與福利，無法產生附加價值。

那麼，想同步提升企業發展與員工戰力，除了做到「滿意」之外又需要什麼呢？那就是對於公司願景和任務的認同、忠誠、想有所貢獻的強烈想法。所以，到這裡就已經不是員工滿意度的等級，而是來到更高層次的「員工參與度」（Employee Engagement, EE）。

參與度的英文engagement雖有婚約、約定的意思，但一般是指員工對於企業的信任和忠誠，也有人譯為熱中度。不過，本書認為並非如此狹隘的定義，**參與度指的是個人對工作、公司是否有期待感和幸福感**。

參與度不同於滿意度的地方是可以創造附加價值。一個參與度高的組織，公司整體和所有員工面對較高的目標會處於積極達成的狀態。

你喜歡所屬的公司嗎？

美國蓋洛普公司（Gallup, Inc.）為了協助組織測試員工參與度，曾實施「參與度調查」。蓋洛普公司是美國最大的調查公司，擁有龐大的調查、分析數據，也擔任組織開發顧問的重責。蓋洛普公司調查全世界一千三百萬名商務人士，從中得出可測試參與度的十二項問題——「Q12」。

在這項調查中，日本企業裡「充滿工作熱忱的員工」占六％，比起美國的三二％低很多。接受調查的一百三十九個國家中，日本名次吊車尾，位於第一百三十二名。此外更詳細的回饋還有：「對周遭不滿而交差了事的員工」占二四％、「對工作毫無熱忱的員工」占七〇％。

「怎麼可能光靠十二項問題就能斷定！」

也許很多人對這項調查結果不以為然，不過，希望各位可以先瀏覽以下十二項問題的內容，或許就能接受為何這項調查可導出上述的答案。

Q1：你知道目前的職場對你有所期待。

Q2：目前的職場會提供必要的資源或工具，協助你順利完成工作。

Q3：目前的職場每天都會給你大展身手的機會。

Q4：最近七天內，因為工作表現佳而獲得認同或稱讚。

Q5：目前的上司或職場中某些人對你關照有加。

Q6：目前職場上的某些人會督促你自我成長。

Q7：目前的職場會尊重你的意見。

Q8：能從所屬公司的使命或目的中感受到自己工作的重要性。

Q9：目前職場上的同事會邀請你一同參與高階的工作任務。

Q10：目前的職場上有好朋友。

Q11：最近六個月內，目前職場上的某人曾提到你工作進步了。

Q12：最近一年內，目前的工作能讓你學習、成長。

如何？當然，有人認為這些問題是以歐美企業為標準，由於文化差異，難以反映在日本人或亞洲國家特有的思考模式和人際關係。但希望大家先假設自己在這十二項問題中有五項達到滿分，那麼是不是就代表每天都期待上班，而且想要主動完成工作呢？

本書不是要求必須全面模仿歐美企業，今後的時代最需要的並非公司給予ES，而是重視能讓員工自律、自發的工作參與度。

左右參與度的最大因素其實就是直屬主管。如果你身為管理階層，已經意識到Q12的意義，那麼應該會想發揮管理能力，大幅度改變部下的工作動力吧！根據蓋洛普公司的研究，Q12的項目中，與業績息息相關、值得主管傾注全力的部分就是Q1～Q6。而下屬能在這六項問題中取得五分是非常困難的事。主管必須對每一位部下給予承諾、獎勵、成長機會，也必須進行業務指導，這對主管來說也是鍛鍊管理能力的好機會。

另外，員工離職也與主管有關。Q12的項目中，能反映員工願意長期待在公司的意願為Q1、Q2、Q3、Q5、Q7這五題。若是一間離職率高的公司，主管應更有危機意識，負責讓下屬在這五題中得分。

以實際登山的例子來說明吧！

如果你是經營者，就要將Q12當作一座山，想像一條能「攻頂」（提升「員工參與度」）的路線。

首先，登山時需要設置「基地營」，這點就要看Q1和Q2，因為這二個項目是工作的基礎，代表「員工能得到什麼」。

接著是象徵「第一營」的Q3～Q6，代表「員工能做出什麼樣的表現」、身邊的人又是如何評價自己的工作結果。只要讓員工在這些問題得分，主管和團隊就會產生向心力。

「第二營」為Q7～Q10。這幾項問題主要是檢討「員工是否屬於這個職場」、自己的工作觀與公司或同事是否一致。

最後以攻頂為目標的「第三營」則是Q11和Q12。這個階段是反思經營者「如何讓團隊成長」，使所有工作相關人員都能提升工作能力。

根據這份登山路線來提高員工的答題分數，能改善工作環境，帶動業績的提升，離職率也會降低，有能力的員工或許還會捨不得辭職。不過，最需要注意的是，即使員工在第二營和第三營的高階問題給出肯定的答案，然而在基地營和第一營的基礎問題可能會出現否定的答案。也就是說，若沒打好基礎，即使乍看之下工作進行得很順利，然而只要外界願意釋出更好的待遇時，員工很可能就直接跳槽了。

本書作者之一的田中道昭曾參加過美國蓋洛普公司於二〇一七年二月舉辦為期五天的「優勢教練」（Strengths Coach）課程。之所以參加是因為其中某些內容與參與度有密切的關聯。參加者共十四位，除了田中以外全都是美國人，他們分別是大型企業的人事主管、大學教職員、非營利團體幹部等等。這十三位參加者的所屬組織全都導入Q12，測驗員工參與度，對此田中感到十分訝異。由此可見，Q12在美國是最受注目的組織管理策略。

雖然前面指出日本企業的員工參與度很低，不過蓋洛普公司在全球數據中發現以下幾點：

- **員工參與度高的企業只占一三％。**
- **能在工作中發揮自身強項的人，比並非如此的人高出六倍，並對工作感**

到滿意。

● 能在自己擅長領域的團隊中發揮所長，比並非如此的團隊更能提升一二・五％的生產力。

當時的參加者們都說，今後也希望透過Q12來強化組織成員的能力，並提升工作環境的品質。雖然川普總統上任後，美國政權一度產生混亂，但看到許多美國企業透過Q12重視員工的多樣性與個人特色，進而使其發揮強項，令人感到安心許多。

日本企業常以優秀的團隊能力自居，但終身僱用崩壞後，團隊合作的力量已經變得相當弱。如果能善用Q12這樣的工具，讓企業重視員工參與度，或許能重獲優秀的團隊能力吧！

「可改變的要素」vs.「不可改變的要素」

蓋洛普公司的員工參與度課程中，針對人的「強項」明確區分為「可改變的要素」與「不可改變的要素」。

「可改變的要素」是指學習、經驗、工作，也就是「技術」和「知識」這一類後天能學會的事物。「不可改變的要素」則是指潛力、資質、行動模式，屬於「才能」（或稱「資質」）。簡單地說，人的強項是由先天的「才能」與後天的「技術」「知識」這三項所構成。

蓋洛普公司指出，優秀主管的必備能力中有一項是「識人的眼光」，也就是能正確判斷一個人的成長潛力。進一步地說，在蓋洛普公司，能將一個人的強項明確分類為先天的才能，或者後天的技術、知識，是管理階層不可或缺的能力。在「未來履歷書」中，則將技術、知識等「可改變的要素」定義為「勝任力」（也稱「職能」）。而且，「未來履歷書」不但可以強化你的勝任力，還能引導你發揮自己的才能，第七章會提到的「未來ＰＤＣＡ」是同時增進勝任力與才能的輔助工具。

另外，「未來履歷書」課程中也十分重視區別「可改變的要素」和「不可改變的要素」，許多學員都表示光是區分這二者就能產生「自我重視感」。

強項是由才能、技術、知識相乘而來，「未來履歷書」不但可以讓你的才能進一步發展，「未來ＰＤＣＡ」還能針對先天的才能與後天的技術、知識二者，達到雙重的進化。

「改變自己的開關」在哪裡？

相信不少人都「想改變自己」，甚至希望有個「按一下就能改變自己的開關」。前述提到，「未來履歷書」重視自我成長與市場價值，因此意識到自己想改變相當重要，這一節會好好探討一下這個話題。

一般來說，人之所以會產生改變，就是意識到「已經不能再這樣下去了」「現在的我很糟糕」。但是，從心理學的觀點來看，這種自我認知反而是否定自己，不是「真正」的改變。

也有一種改變契機是，了解現狀並客觀分析後，認為自己「繼續這樣下去似乎不太妙」，於是開始改變。用這種方式自我改變的人，並非否定自己，而是自我肯定。

會自我否定的人，基本上就是對自己沒自信，甚至打從內心深處懷疑自己的存在，而為了保護自己，於是表現出「自我感覺良好」的一面。

「自我肯定」和「自我感覺良好」雖然有點相似，其實是不一樣的東西。「自我肯定」是打從心底接受原本的自己。**「自我感覺良好」其實是對原本的自己沒有自信，於是靠著自我感覺良好的外殼來武裝真實的自己，內心深處卻暗自自我否定，而不想做出改變，或者試著改變卻不順利。**相反的，能徹底改變自己，並往好的方向發展的人，表面上雖然看似會否定自己，但內心深處其實是自我肯定。

舉心理諮商的例子來說，諮商師面對病人時，絕不會對他們的一言一行予以絲毫的否定，而是持續以「包容」「同理」「傾聽」的態度接納對方。這麼一來，前來諮詢的病人不但能感到安心，內心也會逐漸出現變化。

這種方法也算是日常溝通的訣竅。二人對話時，一方若產生「對方真心在聽我說話」「對方認同我的想法」的感受，就能從安心感中開始產生變化。職場也一樣。上司淨是不斷否定、斥責下屬，下屬不會有真正的轉變或進步；然而，若上司能夠接納下屬的缺點、不完美的部分，下屬才能發自內心開始慢慢改變。

這不只用於與他人溝通，甚至可用來與內在的自己對話。請先肯定自己的情緒、目前的狀態，讓內心深處產生「做現在的自己」「維持現狀也不錯」的想法，一旦你能如此轉念，改變的開關就會瞬間啟動，自然轉變為屬於你的模樣。

真正的問題不在於有沒有行動或產生變化，而是心中深植「我真的不行」「不能再繼續這樣」的想法，而陷入自我否定的泥沼之中。

以心理學為基礎的「未來履歷書」

日常生活中，每個人多少都有煩惱。尤其是諸事不順、業績不好時更容易如此。不少人的案例就是因為事業從高峰跌入谷底，而產生憂鬱症狀。

以下再用心理諮商的角度探討。

大多數接受心理諮商的人，其內心較為敏感。在心理諮商界中，最不能對憂鬱症患者或有憂鬱傾向的人說的話就是「加油」和「打起精神來」。即使只是單純的口頭鼓勵，也會讓對方認為「不好好加油不行」「不振作起來是錯的」。換句話說，有些帶有正面意義的話語在對方的腦中會轉變成負面意義。陷入憂鬱狀態的人基本上已經喪失自信，才無法繼續前進，因此應避免說出會間接引起「自我否定」的話語。

那麼，面對這樣的人，最適當的應對方式又是什麼呢？就是接納對方所有的話語與狀態。

基本的心理諮商就是不否定對方悲觀、負面的話題，全部予以認同，展現「你說的我都懂」「我能明白你的感受」的態度，安撫對方，讓他逐漸恢復自信和開朗。狀況惡化時，則需要強調對方的強項是什麼，協助他確認自己擁有的東西，盡快認識自己的優點。

當一個人自我否定時，無法從中產生具有生產力的變革，與心理諮商的理論一樣，想要從低落的情緒復原，需要的不是自我否定而是自我肯定。「未來履歷書」就是透過這樣的過程引導大家引發自我變革。**「未來履歷書」之所以從回顧過往開始著手，正是因為這是自我肯定、接納自己的重要過程。**

許多人認為日本人的自我肯定感很低，就連諸多國際研究單位經過調查後也顯示這個結論。當一個人的自我肯定感低落，心中就會築了一道高牆，妨礙自己設定目標，也因此，「未來履歷書」就是要從肯定過去的自己開始，擁有扎實的自我肯定感，才能進一步設定目標。

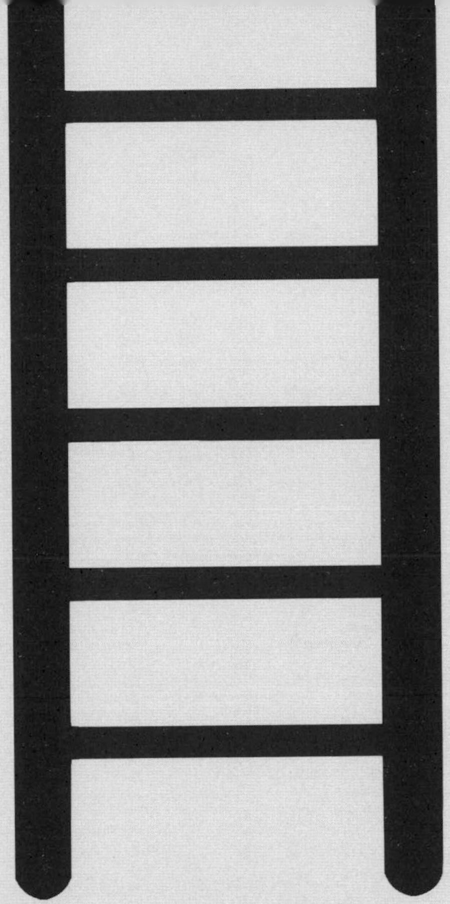

用「未來履歷書」練就 AI 時代的最強武器

——「建立論點的能力」×「設定長期目標的能力」×「創造未來的能力」

「あしたの履歴書」が未来を創る力になる

II

從教育最前線看未來生涯的必備技能

有一則大家或許沒有注意到的新聞，就是二〇二〇年日本的教育方針《學習指導要領》將進行大幅的修訂。

也就是說，原本以「知識吸收型」為中心的「二十世紀型教育」，將改革為「知識活用型」的「二十一世紀型教育」。日本政府與產業界有鑑於日本在國際市場上的競爭力下滑，因此認為必須從教育做起，培養知識應用能力高、與國際接軌的人才。

新的《學習指導要領》主要目標如下：

- **培養持續學習的能力與良善的人性，運用在人生與社會。**
- **培養可應對未知狀況的思考力、判斷力、表達力。**

另外，在先天的才能和後天的技術、知識上又有以下三大要旨：

圖2　新《學習指導要領》的核心概念

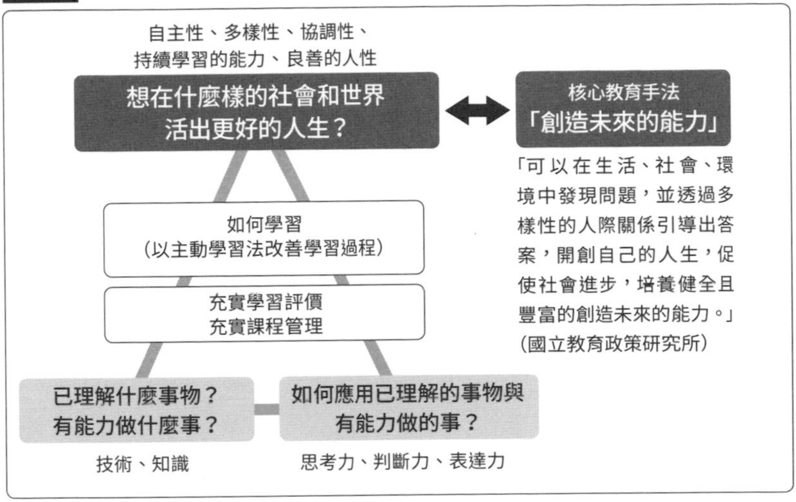

自主性、多樣性、協調性、
持續學習的能力、良善的人性
想在什麼樣的社會和世界
活出更好的人生？
核心教育手法
「創造未來的能力」
「可以在生活、社會、環境中發現問題，並透過多樣性的人際關係引導出答案，開創自己的人生，促使社會進步，培養健全且豐富的創造未來的能力。」
（國立教育政策研究所）
如何學習
（以主動學習法改善學習過程）
充實學習評價
充實課程管理
已理解什麼事物？
有能力做什麼事？
如何應用已理解的事物與
有能力做的事？
技術、知識
思考力、判斷力、表達力

1. 想在什麼樣的社會和世界活出更好的人生（持續學習的能力、良善的人性）？

2. 已理解什麼事物？有能力做什麼事（技術、知識）？

3. 如何應用已理解的事物與有能力做的事（思考力、判斷力、表達力）？

日本國立教育政策研究所將「持續學習的能力」定義為「創造未來的能力」：

「可以在生活、社會、環境中發現問題，並透過多樣性的人際

關係引導出答案，開創自己的人生，促使社會進步，培養健全且豐富的創造未來的能力。」

「未來履歷書」其實也是培養「創造未來的能力」的重要工具，基於相同的教育理念，「明日之團」今後也致力於將「未來履歷書」作為學校教材，導入教學現場。

新的《學習指導要領》寫著「以主動學習法改善學習過程」（如圖2），後來公開的版本不再使用主動學習法這個字眼，而是改為「兼顧自主性與雙向溝通的深入學習」。

日本將這種觀念導入教育的時間比歐美國家還要晚，希望政府能夠徹底執行這項新政策。對於已經畢業的人來說，無法重修以前的學校教育，仍然可以透過「未來履歷書」磨練「創造未來的能力」。

主動學習法長年來在美國大學進行實踐，不只用於一般的講課上，也廣泛運用在個案研究、雙向教學、角色扮演練習、團隊合作等實作課程中。而日本仍未廣泛使用，大多用在一般講課上。

美國大學商學院的教學現場

本書作者之一的田中道昭在芝加哥大學商學院取得ＭＢＡ時，接觸了美國大學教育，發現美國並不如我們所誤解的那樣，會輕視「知識吸收型」教育。不過，美國的知識吸收型教育跟以天天考試、死背硬記為主流的日本不同，美國商學院各科目的筆試都有不同的應試型態，學期總成績除了班級貢獻度、報告成績、團隊合作分數以外，筆試分數也列入其中。

那麼，美國商學院各科的筆試型態為何呢？

領導理論和組織理論的筆試，學生能帶任何參考資料應試，但相對的，由於題目並非單純到靠記憶就能答題，即使有課本能參考，答題仍有一定的難度；會計和財務的筆試屬於驗收知識學習的成果，應試時不能攜帶參考資料；計量經濟學則允許帶一張Ａ４大小的筆記進考場。

此外，目前許多美國商學院會在課堂上引進最先進的主動學習法——「即興（Improvisation）教育」。即興教育是幫助學生培養即時、具創新的問題解決能力，以應對變化快速的ＡＩ時代。

哈佛大學、史丹佛大學、麻省理工學院（ＭＩＴ）、芝加哥大學都將即興教育引進ＭＢＡ課程中。例如：ＭＩＴ會要求學生配合背景音樂一邊進行即興舞蹈、一邊背誦莎士比亞的戲劇臺詞，來訓練學生的肢體表達。

其中幾項基本的訓練包括：學生們彼此面對面，像鏡子一樣模仿對方動作的「鏡像模仿」；幻想一顆不存在的球，並互相傳遞的「幻想傳接球」；向對方吹捧自己的荒唐故事，而且對方不得予以否定的「YES & YEAH」等。

此外，芝加哥大學商學院甚至和芝加哥的「第二城喜劇團」（The Second City）建教合作，實施即興教育的課程，並於二〇一七年一月三十一日公開合作內容。即興教育除了促進溝通力、領導力、團隊合作之外，還能有效提升組織與個人的生產力、幸福度。

分析、洞察、思考、執行的過程中，學生必須使用演戲、喜劇等即興手法，靠肢體動作發揮想像力，鍛鍊行動力。在一般生活中，其實我們也知道比起坐在椅子上想事情，讓身體處於動態或放鬆的狀態更有利於發想，例如散步、洗澡等，身體活動更能激發大腦產生創意。

除此之外，即興教育的效果可以讓人在遇到突如其來的變化時，用正向的態度立即應對，也能提升自我領導力和促進團隊合作，並且迅速靈敏地做出判斷。

尤其美國人平時就擅長發揮即興表現，現在又透過這樣的課程更強化這方面的優勢，日本也不能落後，必須趕緊推廣即興教育。

最先進的商務人士培訓課程——即興教育

前面提到的第二城喜劇團，除了培育出許多知名諧星外，也為眾多知名企業提供商業的即興教育，其中成員還著有《即興力：反應快是這樣練出來的》（*Yes, And: How Improvisation Reverses "No, But" Thinking and Improves Creativity and Collaboration—Lessons from The Second City*）一書。在美國，許多知名企業、一流經營者都會進修即興教育，因為可活用於培養創造性人才、提升團隊合作、促進革新等等。

大家可能會認為用簡報打動聽眾是很困難的事，但其實，逗人發笑更困難。逗人發笑在溝通中屬於最高難度的表達方式。本書作者為了能提供即興教育，會定期到幾間諧星教室訓練表達技巧，長期學習溝通力與領導力的過程中，確實發現到逗人發笑是最難學好的溝通方式。例如：搞笑時，面對同伴裝傻必須適時吐槽，如果沒有放入適當情緒，觀眾是笑不出來的。想逗人發笑，光靠話術和動作是不夠的，最重要的是「表情」。尤其是表情的訓練，一般的商學院中可說完全沒有類似課程。此外，逗人發笑和即興式喜劇演出，甚至有助於從潛意識層面引發自我改變。

「未來履歷書」講座中，也會在任務設定的過程中導入即興學習法——利用即興的肢體活動引導學員發現埋藏在潛意識中的願景或任務。透過這樣的過程，才能找到當事人打從心底真正想追求的事物，並且將它從潛意識層面引導至意識層面，也容易產生「深度變化」。

例如：請學員即興表演未來中理想的自己，由於這是即興演出，想要怎麼演就怎麼演，而且沒有「失敗」這回事，甚至還可以重新定義失敗。特別是設計「三十年計畫的未來履歷書」，更需要靠即興的手法來設定目標（請詳閱第八章）。

此外，即興教育中最重視的是「例行公事」，意即每日的工作、日常的行動等。

前美國職棒大聯盟選手鈴木一朗先生之所以非常注重「例行公事」，也就是基礎訓練，是因為可以用來應對預料以外的事。只要是一流的運動選手，都要想像預料外的情境，並且每天反覆練習，他們之所以能在比賽中展現出高超球技並非一蹴可幾。

一流的選手平日除了會在特定的訓練環境下成長，也會在充滿意外性的訓練中練習。足球選手也會訓練腳下沒有足球時的狀況。

商務人士也應像運動選手一樣，反覆練習預料外的狀況，並視為基礎訓練。例如：進行爭取重大或突發性工作的訓練、在工作空檔預演有效果的行動表現等等。平時徹底執行這種訓練，當成是例行公事的一種，就是即興教育的基礎。

「明日之團」的中高階員工（部長以上職位）研修，也會進行「未來履歷書」中的即興學習法。二〇一六年，曾舉辦二天一夜的集訓與一次四小時的研修，總共舉辦四次。這些中高階職員必須負責對外推廣「未來履歷書」課程，擔任經營管理的重要任務，因此必須透過這樣的研習來熟悉課程內容。

拿到「明日之團」錄取資格的社會新鮮人，也會進行專屬研修，其內容就是「未來履歷書」中的即興學習法。這樣的研修，對於還沒有工作歷練的社會新鮮人來說稍微困難，但每個人都非常努力。

研修內容主要是想像身為「明日之團」一員時的自己。以下是來自大家的回饋：

「將他人、客人的煩惱當作自己的煩惱，真誠地摸索解決方案。我想成為讓大家能夠安心諮詢的對象。」

「我想以『明日之團』的機制和人事考核制度的效果，打造出每個人都可以打從心底認為『工作很快樂』的社會。當然，我希望『明日之團』能打響名聲，而且還要成為典範——讓員工們可以在充滿魅力的工作環境中神采奕

奕地工作。我想先從自己做起，肯定每位同事們的多樣性，讓『明日之團』成為人才濟濟的好公司，然後將其魅力廣傳於世。」

「我想讓更多人知道『明日之團』的人事考核制度，並且認為這是必要的制度，而且可以輕鬆自在、勇於對目標展開行動。我相信如此一來，世界會變得更美好。」

如果能讓剛出社會的大學應屆畢業生在加入團隊前就透過「未來履歷書」產生這樣的目標，也會影響日後的目標設定和工作方式。畢竟，目標可以引導一個人的成長。

以「建立論點的能力」跨越AI時代

想獲得前述的「創造未來的能力」，必須先學會靠自己找出課題、問題，在新的《學習指導要領》中也指出這種觀念的重要性。但就現狀而言，這種能力卻是日本人最不擅長的。

本書作者之一的田中道昭在外資企業服務的期間，美國人上司曾經毫不客氣地評論日本：

「日本人很擅長解決別人丟來的問題，但自己設定問題卻完全不行。日本在泡沫經濟瓦解後之所以陷入長期低迷，就是因為缺乏設定問題的能力。」

「在過去，日本企業完成歐美企業所設定的目標，確實是世界第一沒有錯；但現在，日本企業無法自己設定目標，所以遠遠落後於國際市場。」

以上這段話令當時的田中留下很深的印象。這位上司認為日本人缺乏自己設定目標的能力，對此也毫無危機意識。

的確，日本人缺少學習「批判性思考」（critical thinking）的機會，因此不擅長設定課題和問題。

批判性思考就是在現狀中找出課題，進行客觀分析後，設立可解決問題的假說，然後驗證，最後執行。這個過程中也需要邏輯性思考，而批判性思考的最終目的不只是解決問題，還包括自己設定合理的問題或課題，找出解決對策。在批判性思考中，自己設定課題和問題的步驟稱為「建立論點」或「提出議題」。

工作中的重要任務之一就是解決問題。剛進公司的員工，上司或其他人可能會交付一些基本的問題要你解決。然而隨著職位升高，會遇到愈來愈多的問題和課題需要自己思考和解決。

再加上AI時代的到來，許多工作將被AI取代，**「建立論點的能力」成為對抗AI的重要武器。**或許甚至在不久的將來，連「建立論點的能力」也會被AI取代。但不管如何，對於經營者或組織領導者來說，必須具備並以此與AI抗衡的是，**培養下屬或團隊擁有「建立論點的能力」，或許才是AI時代中人類的主要工作。**前文提過的凱文．凱利先生便說：

「我們應該讓AI專注在解決問題，人類則致力於持續不斷提出好問題。」

這裡要特別跟各位解釋一點：**在批判性思考中，「建立論點的能力」與「設定長期目標的能力」是一組密不可分的技能。**實際進行批判性思考的過程中，一開始要設定目標或想得到的結果，接著明確分析問題，最後思考解決對策。而批判性思考中的設定目標或想得到的結果，指的正是「設定長期目標的能力」。無論個人或組織，要擁有這些技能，從平時就應提升提問的能力、綜觀大局的能力，以及看穿事物本質的能力。

「對於我自己或我所身處的組織，現在應該提出什麼問題？」
「對於我自己或我所身處的組織，現在必須回答什麼答案？」

像這樣的自問自答，便能引導自己設定長期目標。

「未來履歷書」可以鍛鍊出「創造未來的能力」，也是「建立論點的能力」，更是本書所強調的「設定長期目標的能力」，而且這三項是一組相輔相成的技能。

「目前世界處於什麼狀況？我們的國家、社會、業界又處於什麼立場？」
「我們必須扮演什麼樣的角色？」
「為此，我們又該做什麼？」

「未來履歷書」甚至會引導你成為一位組織領導者，培養設定上述課題的能力。

前文提到即興教育能在潛意識中發揮作用，而「未來履歷書」中除了①「即興」之外，還加上②「故事」、③「隱喻」、④「提問」，一共四種學習法。這些學習法在後面的章節會詳述。以下先告訴讀者幾個重點：

- **故事：設定目標時加上故事情節，有助於讓潛意識留下記憶。**
- **隱喻：可將目標替換成山、道路、旅程，引導出自己真正的想法。例如第一章中將目標（Q12）置換成山，使用「登山」的隱喻手法，在之後會用更多實例進行解說。**

● **提問：利用大腦的「空白原則」手法。空白原則是指突然出現某個提問時，大腦會處於瞬間空白的狀態，而填補這個空白就是人類的本能，大腦自然而然會去填滿這些空白。**

本書作者①——高橋恭介的「未來履歷書」

以下會改為第一人稱的口吻，向大家介紹本書的二位共同作者——高橋恭介與田中道昭發展「未來履歷書」的故事。

他們的生涯處於「泛舟」階段時，是在什麼契機下引發自己的「深度變化」？他們如何將隨波逐流的人生轉變為「登山」階段，進而設定三年後、十年後、二十年後，甚至是三十年後的目標？若將山依照海拔高度劃分為一合目至十合目，他們目前又處在哪個階段呢？

二人一同推廣的「未來履歷書」可說是結合了彼此的經驗與想法，有必要向讀者分享二人的故事。

＊＊＊

我是高橋恭介，生於一九七四年，現在是「明日之團」董事長。

東洋大學經營學系畢業後，想學習金融與物流相關知識，於是鎖定租賃公司求職。一九九九年，進入日本興業銀行（以下稱興銀；現為瑞穗銀行）子公司的興銀租賃股份有限公司。

當時的面試官是興銀總裁，也是金融界巨頭中山素平先生的兒子，他告訴我興銀在日本產業界扮演著什麼角色。面試現場，不但有知名經濟學家的長男坐鎮，甚至還有日本戰國時代大名毛利元就的子孫，我從他們身上學到不少知識。

涉世未深的我認為，既然好不容易找到一份不錯的工作，就該努力成為一位有價值、有社會影響力的人。我還認為，自己能取得這份穩定且輕鬆的工作，簡直是天上掉下來的禮物，應該要靠自己的實力賺取薪水才行。

我問了其他部門的一位三十歲、工作能力強，而且頗有聲望的前輩：

Q：前輩，請問你為什麼想在這家公司上班呢？

A：其實我沒什麼想法，只是覺得這家公司內部競爭沒那麼激烈，工作輕鬆，薪水也不錯，所以想說之後當個主管吧！不然你以為咧？

雖然這位前輩很優秀，但這番話顯示他屬於「泛舟型」的人。

確實在當時的市場環境下，無論你的業績做得再好，跟同時期進公司的同事相比並沒有多大的差別，每個員工都有不錯的績效獎金可拿，而且每年都會大幅調薪。所以，待在這間公司不需要特別努力，大家都能領到好薪水、升到好職位。

然而，我的心中卻產生強烈的不安……

業界異動帶來的「深度變化」

後來，與興銀往來的客戶，也是知名大型企業開始相繼倒閉，業界年薪普遍下滑，這時我才發現，不管再怎麼努力，都會因突如其來的外界因素而被迫改變。

沒有足夠實力的我，如果就這樣被裁員，那該怎麼辦呢？抱著茫然與不安，我去考了理財規畫師的證照。

在這段期間，一位比我年長的優秀前輩取得不動產估價師的證照，並轉職到不動產業界。二〇〇一年，日本才開始推行REIT（Real Estate Investment Trust；不動產投資信託），這位前輩說，他的目標就是振興REIT相關企業。當時我心想，我的眼前就有一位不畏風險、勇於描繪自己未來商業藍圖的人，讓我十分振奮，也想跟進——這就是引發我產生「深度變化」的契機！

後來，金融界出現大整頓，興銀也併為瑞穗金融集團。在那之前，我於二〇〇二年轉職到剛成立沒多久的新創公司——Primo Japan股份有限公司。我下定決心，想在三到十年內自己創業。

Primo Japan現在專門負責鑽石婚戒珠寶的企畫和販賣，資本額為一百九十三億日圓（二〇一六年十二月），員工人數超過八百五十人，是一間大規模企業。然而，我剛進Primo Japan時，僅成立第三年，是個只有二十名員工的小公司，創始人二十九歲，十分年輕。雖然我不清楚Primo Japan今後的發展，但當時我認為，就是要在新創公司裡拚一拚。

我完全投入在這間公司，設立人事考核制度，打好組織營運的基礎。二〇〇四年，創始人成為公司大股東，開始在全國各地拓展實體店面。當時的我三十來歲，已經當上副總經理，還有一筆可觀的收入，然而眼看公司順利成長，我感到自己已經沒有必要再久留了。就算少了我，這間公司也會持續營運。反倒是我覺得自己似乎沒有成長，心中再度感到不安……

後來，我決定辭去副總經理一職。比起坐領高薪，我覺得必須找到自己的任務。再說，我是為了創業而離開興銀的。於是，我揮別Primo Japan，並在二〇〇八年創立「明日之團」。

剛創業就等著失業

我以七百萬日圓的資本額一人創業，把自家公寓改裝成辦公室，就此正式開業。

我認為，創業有三種形式：

1. 以顧問公司的形式創業，與客戶簽約。

2. 以販賣其他公司商品（或服務）的代理商形式創業。雖然世上有許多這樣的公司，但我不喜歡這種被廠商牽著鼻子走的型態。

3. 從商品（或服務）開發到販賣全都一手包辦的創業形式。我之前上班的公司就是此型態，所以我選擇了這種，也決心一定要創業成功。

一路走來，我辭掉了大企業的工作，在新創公司大展身手，然而我捨棄了這一切，就是為了創業，因此決定背水一戰。但是，我卻不知道我該「做什麼」。我沒有想好什麼人事考核制度，就開設了「農業徵才.com」，在官網上為企業媒合人才。雖然在就職市場中，沒有人會想從事農業或看護這種第一產業的工作，然而我認為今後的日本很需要農業或看護人才，所以打造了一間仲介相關人才的公司。

至於我為公司設定的目標則是化解社會衝突和解決社會問題，所以將「社會企業」當作經營理念。

事業剛開始時，我四處拜訪各社企創業家，向他們請教商業模式。然而，「農業徵才．com」的經營並不順利，只營運了九個月便宣告關站。

我知道，「農業徵才．com」其實無法創造解決社會問題的附加價值，左思右想後，我覺得一間公司還是需要人事考核制度。當時企業的人事考核非常麻煩，必須在紙張上填寫表格，再統計與歸檔。我靈機一動——不如把這個過程數位化，並提供線上服務？

這個靈感其實來自我的工作經歷，在Primo Japan時期，我曾設立人事考核制度，協助公司提高生產力，因此，如果鎖定企業主為客群，並將這樣的服務推到市場上，應該可行。再說，日本企業的人事考核制度無法真正對有能力、確實做出成效的員工給予適當評價，無論員工努不努力都享有加薪待遇，這不是很可笑嗎？

於是「明日之團」就這麼誕生了。然而，這個嶄新的線上服務一直難以打入市場，所以從創業開始的七十六個月內，也就是有六年以上的時間，公司一直處於虧損狀態。但是我並沒有放棄，因為我認為這是自己的任務，我相信這個線上服務一旦推廣出去，一定能讓社會變得更好。

全新的人事考核制度

直到二〇一三年，事業開始有了起色。這時，安倍政權上臺，股價不但上漲，勞工環境也開始改善。我的公司正好搭上政府推動的「工作方式改革」的風潮。這項政策致力於減少加班情況、提升生產力，讓許多公司不得不更新原有的人事考核制度。若當時日本企業仍仰賴過時的年功序列，那麼公司生產力不但不會提升，甚至會拖垮整個國家。

日本原有的人事考核制度，基本上是以大學學歷為標準來區別員工好壞。之後雖然導入所謂的「職能資格制度」，但適用對象主要為製造業，無法用於服務業人才。而且，這裡的職能還以工作年數為標準，所以，只要待在公司愈久，評價就會愈好；再加上，考核為一次性，所以即使之後工作能力下滑也沒關係，導致員工實力與考核結果完全不符。雖然後來為了解決這個問題，讓有能力的員工得到應有的評價而導入了新的目標管理（ＭＢＯ）制度，但過時的職能資格制度依然存在。

另一方面，日本企業其實也想仿效美國的成果主義，最後卻失敗。大家一直對美國的人事考核制度有所誤解，它並非只看成果，也相當重視過程。

前哈佛大學的大衛·麥克利蘭（David McClelland）教授曾進行過以下調查：將能力相同的外交官分配到不同的辦公環境，結果業績產生了差異。麥克利蘭認為，要讓員工在日常表現就能做出相同成果，必須擁有良好的工作習慣，為此他發展出「勝任力」的概念，意指「工作能力強的人的行動特質」，讓員工可以依照勝任力的標準來工作。第六章會說明「勝任力」的應用方式。

不過，勝任力的概念引進日本後，卻透過筆試來考核，導致看不出員工之間的差異，還演變成黑箱作業。結果，日本企業只使用可量化的MBO制度，非量化的勝任力制度則徒具形式。

我將這段期間稱為「日本人事考核失落的二十年」。目前，一些不直接參與生產活動的間接部門依然沿用年功序列，企業也將加班費視為基本薪資，淪為員工不肯加班，收入就會減少的惡性循環。

正因如此，我認為企業最需要的人事考核制度，就是可以同時針對員工的工作過程與工作成果二項，確實地進行評價。

「明日之團」的人事考核制度，能讓努力工作而取得成果的人有所回報，而沒有努力工作且做不出成果的人則得到負評。有了這個制度，願意努力的員工才會愈來愈多。只要沒有施行以公平之名、實則不平等的制度，就能提高員工參與度，也能降低優秀員工的離職率。

目前，「明日之團」的客戶達一千間以上的公司，協助過十萬名員工設定目標。我們每三個月會進行一次目標設定，一年每人有八項目標設定的話，總計就有三百二十萬項目標設定，三年內達近一千萬筆目標設定。「明日之團」的客戶主要是新創公司和中小企業，從生產卡車專用的螺絲起子公司，到職業棒球隊、金融業、顧問公司等，橫跨各產業與領域。

此外，不要以為員工人數少、規模小的公司就不需要人事考核制度，同樣是十人規模的公司，個別的生產力也會大為不同。最近我們還接到這樣的案子——**一間一人社長的公司，由於今後想僱用員工而委託我們設計人事考核**

制度。

近來，本公司的事業總算進入軌道，今後也打算讓公司股票上市，而我的目標就是在十年後，擴大人事考核服務市場和建立人事考核服務產業。

回顧我的經歷，從剛踏入社會，受到許多前輩的啟發而產生「深度變化」之後，用了大約三十年的時間，不斷讓目標進化。

以下再重新整理一下我的「未來履歷書」：

三年後的目標：轉職到新創公司。
十年後的目標：自行創業。
二十年後的目標：讓公司的事業上軌道。
三十年後的目標：將公司的事業產業化，並促進社會進步。

比起我本身和公司的發展，現在的我更想讓社會變得更好。

當然，在產生「深度變化」的期間，我完全沒想到要將人事考核服務產業化這項三十年後的目標；創業期間，也並非一路順遂，公司持續虧損長達六年以上，經歷了痛苦掙扎的階段。然而在每一次的危機當中，我都能意識到當下的自己處於「泛舟」狀態，必須讓自己轉變為「登山」狀態，經過這一連串的路程，我走到了現在。

所以，並不是要讀者從現在就一口氣鎖定三十年後的目標，而是從三年後的目標開始，享受當下，也盡全力拚，一步一步地往上爬就好了。這麼一來，設定目標的時間跨度也會逐漸拉長至五年後、十年後、十五年後……最後就能知道屬於自己的三十年後的目標了。

本書作者②——田中道昭的「未來履歷書」

我是田中道昭，出生於一九六四年，目前為立教大學商學院教授，同時也擔任上市公司董事與顧問。專長為企業戰略與行銷領域，在立教大學商學院教授企業行銷、服務行銷、批判性思考、醫療商業論、看護商業論等課程。

我的商務經歷橫跨各國、產業，以及領域：

- **日本、美國、歐洲、亞洲等國。**
- **金融（銀行和證券）、事業法人（廠商和零售店）、顧問等實作經驗。**
- **零售、物流、製造、服務、醫療、看護、金融、證券、保險等各業種的顧問經驗。**
- **擔任諸多上市公司經營者的經營參謀與上市公司董事的歷練。**

因此，我想將畢生的知識與方法傾注於「未來履歷書」的推廣與本書內容的撰寫。

我的父親是國中校長，家人和親戚大多從事教職，我也以當老師為第一志願，進入上智大學教育系。

我很喜歡英文，所以社團活動選擇參加英語研究會（English Speaking Society, ESS）。但是，我一進入社團，信心馬上遭受打擊。我對自己的英文程度頗有自信，但社員們大多都是海外歸國子女，英文說得相當流利，研究會裡高手如林，讓我感到自卑。我覺得自己不能再這樣下去了，開始發憤圖強，努力鍛鍊英語能力，大三時當到英語研究會會長。我一邊修教育學系課程，一邊參與英語研究會的活動，大四時還成為法學部民法研討會的一員，也研習法律一陣子。

當時，英語研究會的同學們都就職於大都市的大型銀行等金融機關。我來來回回考慮過許多行業與公司，最後跟同學們一樣，選擇進入三菱銀行（現為三菱東京ＵＦＪ銀行）。然而，現在仔細回想，那時的我其實是看到英語研究會同學們大多到銀行上班，為了不落於人後，我變得隨波逐流，匆匆決定到銀行就職。

進入銀行後，我先在神保町分行待了一段時間，二年半後轉到總公司專案開發部，擔任專案融資負責人，工作內容是處理國外的製油廠、發電廠、液化天然氣基地、高速公路等大規模計畫的金融管理，非常具有挑戰性。

一九九五年，我以在職進修的方式前往芝加哥大學商學院留學，取得ＭＢＡ。一九九七年回國後調到新加坡子公司，當時的我三十三歲，主要負責印尼某知名財閥企業的金融業務。

然而該年夏天，突然發生「亞洲金融風暴」，先從泰國開始引發。由於當時的印尼企業大多以貨幣進行交易，我以為亞洲金融風暴不會影響到印尼，結果印尼盾後來還是暴跌了三〇％。此後，許多印尼企業被「債務不履行」與「債務重新安排」追著跑，於是陸續倒閉。不過數個月的時間，原本經濟繁榮的景象，就像骨牌一樣接連崩盤。我的主要工作也轉變成債權回收。

那次的亞洲金融風暴帶給我極大的衝擊，我開始認真思索自己的未來。在那之前，我就像無頭蒼蠅一樣全力猛衝，希望自己成為頂尖的商務人士，而我終於大夢初醒，開始反問自己：

「這真的是我想要的嗎？」

「我真正想做的是什麼？」

因市場巨變而遇見「虛擬」心靈導師

為了找尋答案，我開始閱讀各領域的書籍，認識三名作者，成為我的「虛擬」心靈導師：

- 歷任首相的知名顧問，同時也是思想家的「安岡正篤」先生。
- 享譽「日本公園之父」盛名的森林博士「本多靜六」先生。
- 世界知名的企管專家「大前研一」先生。

本多先生生於一八六六年，建造許多公園，靠著勤儉儲蓄成為億萬富翁。其一生當中有三百七十本著作，帶給我最多啟發的則是《訂立人生計畫的方法》。比任何人都還要努力的本多先生，認為人生必須有計畫，而且最好在二十五歲就計畫自己的人生。這個人生計畫的概念，強烈衝擊我的內心。

在此，我要引用其中一節：

第一　四十歲前的十五年間，即使被笑「白痴」「小氣」，仍然勤儉儲蓄，為自立安身打下基礎。

第二　四十歲至六十歲的二十年間，擔任專業職務（大學教授），教授知識與學問，促進社會進步。

第三　六十歲後的十年間，超越名利，回饋社會。

第四　若有幸活到七十歲以上，則居於山明水秀的溫泉鄉，享受晴耕雨讀的晚年生活。

第五　讀萬卷書，行萬里路。

一直以來，我只想著三十歲到四十歲要過什麼樣的生活，而本多先生讓我覺察到自己的人生規畫太過膚淺。特別是「六十歲後的十年間，超越名利，回饋社會」這段話，我不斷告誡自己不光是出人頭地，將來也必須回饋社會。另外，我想當大學教授，也是因為本多先生的影響。

至於大前先生，我老早就拜讀過他的著作《企業參謀》，獲得啟發。芝加哥大學商學院留學的期間，我發現即使是日本知名學者、名人的著作，也很難在美國的書店看到，唯有大前先生的《企業參謀》不但在當地有英文版，美國商務人士也廣為閱讀，就這樣，我對「參謀」這個職位與能力留下深刻印象。

此外，我也拜讀安岡先生的著作。

安岡先生擔任的是首相顧問，並非服務企業這樣的組織，因此我對「參謀」一詞十分嚮往，也促使我設立三十年後的目標——成為像安岡先生這樣的參謀。

現在回想起來，我就是在那個時期出現「深度變化」。我辭去銀行的工作，數年來於外資金融機構擔任專業技術職，從中磨練技能，之後獨立創業。我設定十年後的目標是某企業參謀；二十年後的目標是大學商學院教授；三十年後的目標是成為像安岡先生般的人物，擔任國家或元首的參謀。

安岡先生從小就鑽研東方哲學，然而當時的我已過三十，或許來不及補足這塊領域，然而，我打算將在芝加哥大學商學院學到的經營學與東方哲學中的帝王學融會貫通，用這樣的差異化讓自己成為二十一世紀最具代表性的參謀。

結合《孫子兵法》與現代經營學，實踐P2P連結的人生經營哲學

一九九七年，三十四歲的我辭去東京三菱銀行的工作，轉到花旗銀行，後來成為資產證券部交易負責人（副總裁）；三十六歲轉到美國銀行工作，擔任結構型融資部部長（總監）；三十七歲成為荷蘭銀行初級市場本部部長（總經理）。到了三十九歲，我正式獨立開業。

前文也提到，我身為經營顧問會接觸各行各業，也成為許多上市公司經營者的「參謀」。

這個時期，我的心中再度出現變化。我感受不到滿足與幸福，全心全意投入在工作而犧牲掉自己的私人生活。雖然我將眼光放遠，卻也失去了照顧自己的餘裕。所以我開始認為，**我的目標不該局限於在競爭激烈的市場中出人**

頭地，而是要建立互助與信賴的關係，如此才能找到工作中的幸福感，不再覺得是為了工作而自我犧牲。

有強烈使命感的人可以貫徹自己的思考和行動，進而受到周圍的人信任，建築強大的信賴關係。但我只是一味地以安岡先生為榜樣，卻不知道自己的使命為何。就「回饋社會」這個目標，我必須站穩腳步，找出自己的任務。從最初設定目標，我花費了好幾年的時間，才覺察到這件事。

我認為，任務就如燈塔的指引。公司或個人若能擁有明確的任務（使命）和價值（價值觀、行動準則），比起並非如此的人，更容易吸引志同道合的夥伴，進而建立信賴關係。另外，我會以「手電筒」比喻感恩的心，即使走在黑夜，只要拿起手電筒照著腳邊，就能發覺玫瑰花簇擁著自己。感恩的心能讓我們覺察到自己擁有的東西與力所能及的事物。

繞了一大段遠路，失去了寶貴的東西之後，我才領悟到任務（燈塔）與感恩的心（手電筒）是我們一生中最重要的寶物，而現在的我也努力追求這二大寶物。

我將上述的想法作為做人處事的哲學，並以此為核心，與諸多企業經營者、管理高層共同完成了願景、任務、中長期經營計畫、戰略等等。二〇一二年，我用這套哲學出版了《任務經營學》一書，也由於這個機緣，我成為立教大學商學院教授，並在各大媒體推廣我的理念。

最近，我結合了《孫子兵法》和現代經營學，獨創「5 Factor Method」，可用於分析各式各樣的領域，例如：以色列和瑞士等國家的競爭策略、亞馬遜公司和阿里巴巴集團等巨型企業的經營策略、美國總統川普的政治行銷策略、罪犯側寫等等。

二〇一七年三月，以色列以公費邀請我擔任領導力研習課程的團長，在國際競爭激烈的國家學習大型策略，是非常寶貴的經驗。現在我明白，融合經營學和東方哲學的觀點，同時分析國家、社會、產業、企業、人才的動向，就是我的天職，也是我畢生的事業。

說起來，我的名字叫作「道昭」，原本就有「照亮道路」的含意。所以我想藉由自己的存在，照亮他人、組織、社會的前程。美國從過去封閉保守的狀態，轉為重視個人特色與多樣性，我也想將這樣的概念推廣到全世界，成為一個回饋社會的人。當然，我仍舊不夠成熟，但這就是現在的我的任務、使命、長期目標。

三十四歲時我為自己設計的「未來履歷書」，經歷各種曲折與挫折後，目前總算與現階段的任務接軌了。

用「未來履歷書」將「未來的目標」融入「目前的工作」

在這個小節，要簡單介紹高橋恭介和田中道昭二位作者是在什麼情況下相識、如何聯手打造「未來履歷書」，以及為何合著這本書。

「明日之團」從二〇一一年開始規畫以一般個人為客群的「MVP俱樂部」事業。「MVP俱樂部」提供的服務是，協助商務人士充實商場技能和知識，進而提升個人市場價值。

不過，「明日之團」的本業畢竟還是針對企業設立人事考核制度，所以「MVP俱樂部」曾暫停服務一段時間，直到二〇一六年才重新啟動。此時，高橋恭介透過某位客戶的介紹，認識了田中道昭。

交談過程中，二人發現彼此對於任務、危機感、問題意識等想法有許多共通點，於是高橋邀請田中成為「ＭＶＰ俱樂部」的事業夥伴。更驚人的是，當時的二人早就為自己設定好三十年後的目標。互相分享自己三十年後的目標後發現，就連目標內容也十分契合。二人惺惺相惜，對未來目標更加躍躍欲試。就這樣，高橋恭介和田中道昭合力打造出這套全新的目標管理法——「未來履歷書」，並列為「ＭＶＰ俱樂部」提供的服務之一。

二〇一六年起，「ＭＶＰ俱樂部」開始提供企業研修課程與個人進修課程，由田中道昭擔任講師，培育出許多優秀學子，更多人因此知道「未來履歷書」。高橋恭介和田中道昭透過合著本書，繼續推廣「未來履歷書」的概念。

雖然礙於篇幅有限，本書以「三年後的未來履歷書」為主，然而光是找出願景、任務，就能讓你滿意目前的工作，提升自己的工作動力。

本書不是要你為了未來而忍耐現狀，相反的，是要讓你愛上目前的工作。

「未來履歷書」就是要教你如何讓願景、任務等長期目標與目前的工作互為一致。

日本第1獨角獸企業「Mercari」帶來的啓示——「同伴」的重要性

「未來履歷書」不管是設定目標還是實現目標，都將同伴、夥伴視為重要的元素。事實上，「未來履歷書」的超長期目標設定項目裡，除了自己扮演「主人公」以外，還得設定好「同伴」（Peer）這個項目（請參閱圖35）。近來許多備受矚目的日本企業案例也顯示出，與同伴互相扶持是管理目標與達成目標的關鍵。

在這麼多的新創公司中，能在創業十年內，股票時價總額達到一千億日圓以上的非上市公司，我們稱之為「獨角獸企業」（Unicorn）。目前日本第一的獨角獸企業，就是以二手市集APP聞名，並在創業四年內，股票時價總額達一千億日圓以上的「Mercari」。

如果要預測哪間日本企業能在十年內打造出全新的經濟圈，並與亞馬遜、阿里巴巴二大龍頭抗衡的，非Mercari莫屬。我們都知道，Mercari在眾多的二手市集App裡和「C2C」（Consumer to Consumer）領域中相當知名，不過本書認為Mercari的本質其實是「P2P」（Peer to Peer）。

C2C為消費者對消費者進行交易的簡稱，將每位使用者都視為消費者，因此消費者沒有獨特的個性。相較之下，P2P是指立場對等的夥伴間互相聯繫，擁有創造廣大商機的潛力。尤其在最近，Peer的概念受到各領域的關注，例如：讓同伴互相學習的創新學習法——「同儕學習法」（Peer Learning）即是知名的案例。

Mercari董事長兼CEO的山田進太郎先生於二〇一三年創業後，立刻在美國發展事業。山田CEO的目標就是成為一家巨型的新創公司，因此傾注全力於將公司打造為能夠凌駕上市公司的強大團隊。而且在早期階段，他就透露公司的願景——「Mercari經濟圈」，致力於開拓日本、美國、歐洲的C2C市場。

P2P的潛力在於，與區塊鏈、群眾外包、共享經濟之間有很高的相容性。凱文．凱利先生在其著作中也這麼寫著：

「如果要預想三十年後最大的獲利來源（同時也是最有趣的文化革新），我認為二〇五〇年成長最快而且賺最多的公司，就是能找到目前還未出現，也無法精準評估的新共享形式。舉凡思想、情感、金錢、健康、時間等任何事物，只要齊備正當條件，且能確實提供好處，全都能拿來分享。」

Mercari的二手市集App，其實已經超越了「有形物品」的領域，可以說發展到「無形物品」的領域（例如英語課程）。此外，Mercari也成立了專門投資C2C的基金事業，由此可推測，Mercari正藉由提供P2P平台來打造Mercari經濟圈。

Mercari作為P2P平台擁有很大的發展潛力。山田CEO也再三強調：

「網際網路的本質是讓每位使用者都擁有『授權』的能力。」

由此可以反映出，Mercari在事業發展上相當重視個人能力與團隊能力。創業四年內，股票時價總額達一千億日圓以上……之所以創下驚人的發展速度，正來自於徹底發揮個人與團隊的強項，透過P2P平台創造新連結，成功發展出Mercari這項事業。

山田CEO擁有優秀的領導力，採取「由上往下」管理，然而公司內部卻也存在著「由下往上」的管理風格。Mercari不但帶來凱文．凱利先生所說的「文化革新」，更蘊藏著發展成為「文化平台」的潛力。各位或許也能理解，為何本書認為Mercari將來可能與亞馬遜、阿里巴巴互相對抗，創造新經濟圈了吧！

Mercari擁有能與亞馬遜、阿里巴巴抗衡的競爭優勢一事，其實也能為其他正在與亞馬遜、阿里巴巴競爭的日本企業帶來啟示。特別是人類的工作即將被AI所取代，要維持競爭優勢的關鍵，或許就得藉由P2P、同伴與同伴這樣的平台，從中創造全新的連結，帶來全新的商業價值。

前面提到凱文．凱利先生的預測與山田CEO對於授權的重視，若將二者「相乘」，可以發現以下幾點：

● 比起C（消費者），更重視P（同伴）。
● 比起沒特色的有形物品，更重視有個性的無形物品。
● 比起美式商品，更重視日式商品。
● 比起有邏輯的有形物品，更重視文創性的無形物品。

與同伴之間的連結在ＡＩ時代中更顯重要。重視這項理念的山田ＣＥＯ，未來在其帶領下，可以預見Mercari經濟圈即將到來，甚至進而帶動其他日本企業的發展。

此外，大家或許會好奇為何「未來履歷書」如此關注美國的發展，其實原因之一就是來自於Mercari的目標管理制度。山田ＣＥＯ將「打造強大團隊」視為Mercari的「心臟」。《日經Business Associe》二〇一七年十月號有一篇專欄〈Mercari流的工作法〉，該文的重點就是Mercari的目標管理制度兼人事考核制度——「ＯＫＲ」（Objective and Key Results）。

在美國，ＯＫＲ的導入以谷歌為首，矽谷的頂尖企業也紛紛採用這個系統。其實，「明日之團」提供的人事考核制度中的「絕對評價」與「未來履歷書」，可說是ＯＫＲ的進化版。

Mercari每年會更新全公司的ＯＫＲ資料四次，而且每半年會透過考核重新決定員工的年薪。「明日之團」也推薦客戶企業以「絕對評價」自主實行一年四次的人事考核，也就是每三個月針對全公司進行目標管理，這麼一來，員工會實際感受到自己的成長有如「三個月＝一年」或者「一年＝四年」。ＯＫＲ再加上高速運轉的ＰＤＣＡ循環，就是讓Mercari創業四年內，股票時價總額達一千億日圓以上的二大動力。

以Ｐ２Ｐ構築事業、以Ｐ２Ｐ作為與市場的全新溝通方式，是今後的企業與個人都能在ＡＩ時代存活的重要關鍵。

用「PERMA」探索任務

擁有目標，其實是需要勇氣的。這句話是什麼意思呢？

各位讀者看到這裡，相信可以理解書中反覆提及一件事：擁有目標並且實現的美好與重要。擁有目標，可以加深信念、信心，還能引發「深度變化」，讓人變得更堅強。然而，擁有目標這件事其實並不簡單，尤其是以十年為單位的長期目標。不少人在實現長期目標的途中出現瓶頸，困在內心的枷鎖。

本書作者之一的田中道昭在立教大學執教鞭，該校研究所有許多在職進修的社會人士，學生的年齡層很廣，遍及二十歲到六十多歲，也有不少外國留學生。立教大學可說是一個充滿多樣性與個人特色的學習環境。然而對教職員而言，最困難的地方就是要在這樣的教學環境中，教導每一位學生主動學習法。

指導充滿多樣性和個人特色的學生們時，田中發現到，每個人需要的「動力」都不同。在此要介紹一套「未來履歷書」中出現的方法，同時也可活用於大學商學院的教學現場，那就是「PERMA」。PERMA是由正向心理學（Positive Psychology）之父、前美國心理學會會長，也在TED發表過多場演說的知名心理學家——馬汀．塞利格曼（Martin E. P. Seligman）教授所創。PERMA代表的意思如下：

P：Positive Emotion，正向感情。

E：Engagement，參與度，或稱投入度。

R：Relation，人際關係。

M：Meaning，意義，意即本書提到的任務。

A：Accomplishment，成就感，意即本書提到的目標達成。

面對二十歲到六十多歲等各年齡層的學生們，田中發現以下傾向：

- **四十歲以上者：「成就感」為動力來源。**
- **二十歲到三十歲前半者：「人際關係」「參與度」「正向情感」為動力來源。**

雖然除了年齡層之外還有其他各種差異，但光是透過年齡就能反映許多重要的人生時刻，例如：出生在什麼樣的年代、在什麼樣的社會環境下做過什麼樣的事等等。也因此，引導每個人行動的誘因有所不同。

在行銷中，有一種結合年齡效果、世代效果、時代效果而進行分析的手法，叫作「世代研究」（cohort study），其中，年齡是分析重點。

針對世代研究，女創業家兼商務社群平台「Wantedly」經營者的仲曉子小姐，在《千禧世代創業家的新製造論》提出「千禧世代」（一九八二年以後出生者）的特徵有以下八項：

1. 從獨有到共享

2. 重視CP值

3. 關注健康

4. 懂得儲蓄

5. LGBT較多

6. 政治正確（反對帶有歧視與偏見的用語，對於多元觀念的接受度高）

7. 在意「目的為何？」

8. 對於新商品或新服務的接受度較其他年齡層高二・五倍

也就是說，要讓千禧世代的人「動起來」（主動設定目標、尋找任務），就得基於該世代的價值觀，提供令他們滿意的答案來作為誘因。或許大家會發現身邊不少人有這樣的傾向吧？

再把話題拉回PERMA。

PERMA又稱為「幸福理論」或「持續性幸福度理論」，一個人的PERMA五項要素若能達到均衡的發展，就可持續擁有幸福感。雖然因世代的不同，所重視的事物也會跟著不同，但所有世代的共同點都是提高這五項要素並且維持平衡狀態。

簡單來說，重視「成就感」的人，要再提升其「人際關係」與「參與度」；重視「人際關係」與「參與度」的人，需要提升其「成就感」。而對於前者與後者都同樣重要的是「意義」，也就是本書所提到的「任務」。

我們必須挖掘更深層的意義——任務。它可能存在於你所設定的目標中，也可能反映在日常生活的大小事裡。另外，本章開頭提到的即興學習法，也能增進人際關係、提高參與度。

「未來履歷書」有助於你均衡發展PERMA的五項要素：抱持「正向情感」與積極的「參與度」，建立與同伴之間的「人際關係」，擁有「成就感」（達成目標），挖掘更深層的「意義」（任務）。設計自己的「未來履歷書」，其實也是一種提高持續性幸福度的過程。

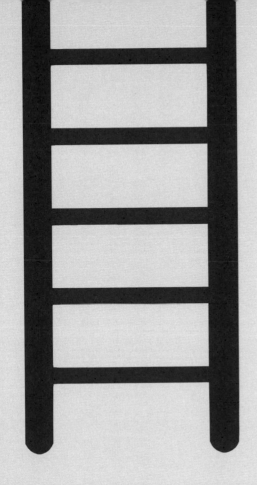

用「未來履歷書」為自己的人生自導自演！
——翻轉隨波逐流的平庸人生

自ら人生の脚本家となり、主人公となる

III

「未來履歷書」的整體架構

進到本章，要正式介紹「未來履歷書」的設計方法，也會搭配實例進行說明。各位不妨跟著本書的介紹設計屬於自己的「未來履歷書」吧！

不過，在進入實務面之前，還是要先跟大家談談「未來履歷書」的整體架構與理論根據。

首先，基本版的「未來履歷書」由①「昨日履歷書」、②「今日履歷書」、③「三年後的未來履歷書」三大部分所構成，另外再由③延伸出④「三十年計畫的未來履歷書」。

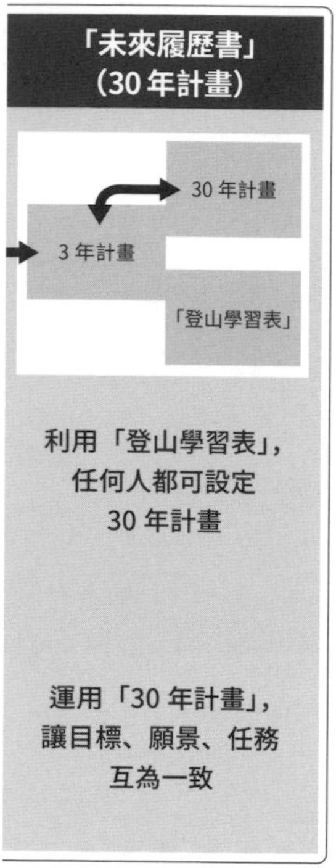
「未來履歷書」
(30 年計畫)
30 年計畫
3 年計畫
「登山學習表」
利用「登山學習表」，
任何人都可設定
30 年計畫
運用「30 年計畫」，
讓目標、願景、任務
互為一致

圖 3　「未來履歷書」的整體架構

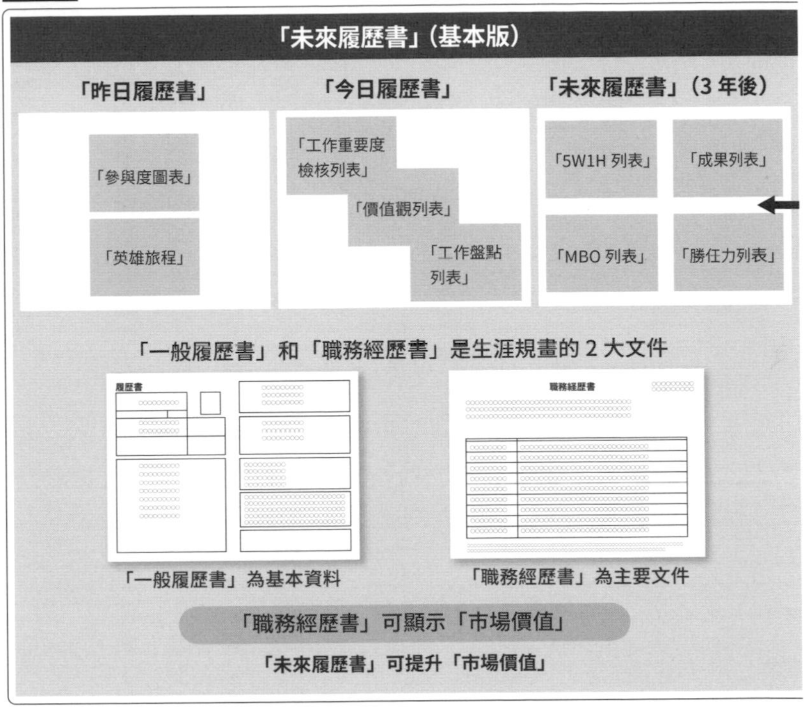

「昨日履歷書」

「昨日履歷書」用於回顧過去，看看自己曾經歷過什麼事，再三確認成功（高峰）階段與失敗（低谷）階段。

無論是誰，一生中都有起有落，可能正在「往上爬」，也可能正在「走下坡」，這時，請坦誠地面對、接納自己。將你所經歷過的高峰階段與低谷階段，畫在「參與度圖表」中。

此外，每個人的人生中都有共同的發展，又稱為「英雄旅程」（hero's journey）公式。這是由美國神話學者約瑟夫・坎伯（Joseph Campbell）根據各國神話、民間傳說的研究所提出。簡單來說，就是故事主角通過各種考驗後獲得成長、完成使命（任務）。第四章會說明如何運用「英雄旅程」回顧「昨日履歷書」。

「今日履歷書」

「今日履歷書」則是明確提醒自己目前的工作、手邊需要完成的業務，也就是例行公事。

首先，寫出所屬公司的特色、商品或服務的特色，製作「工作重要度檢核列表」。接著，從各項價值觀中選出六項對自己而言重要的價值觀，再從中選出三項，並排列優先順序，製作「價值觀列表」。此外，也要整理手邊業務或例行公事，製作「工作盤點列表」。

「3年後的未來履歷書」

「三年後的未來履歷書」是以生涯規畫為核心，可以運用「一般履歷書」和「職務經歷書」二大資料。

大家對於履歷書或「職務經歷書」的印象應該都是用來轉職，其實，這二份文件能對生涯規畫帶來直接的影響。市面上販售的履歷書有一定格式，例如過去工作經歷等基本資訊。**「職務經歷書」能直接展現出個人的市場價值**，不只能作為將來求職時人資的考量依據，新公司的上司、同事、部下也會參考這份資料，應該把「職務經歷書」當作生涯路徑、生涯規畫的核心，並好好運用。

「職務經歷書」沒有固定格式，所以內容和寫法會展現出個人的工作企圖心。所謂工作企圖心，具體而言就是進公司的動機、未來的目標、使命感等等，也必須具備寫作力和簡報力。一般的履歷書不會寫到這麼詳細吧！

讀者可以用「職務經歷書」為基礎，設定三年後的目標、想達到的成果，同時搭配「５Ｗ１Ｈ列表」來撰寫。５Ｗ１Ｈ代表五個「何時、何地、為什麼、做什麼、對象是誰」與一個「如何執行」，另搭配一項「成果」，就是「５Ｗ１Ｈ列表」，能將目標具體化。

有了「５Ｗ１Ｈ列表」，就要製作「成果列表」，具體寫下可量化成果、非量化成果、感受、經驗、技能、知識、人脈、意義等要素。

此外，也要製作「ＭＢＯ列表」，記錄可量化成果；再製作「勝任力列表」，協助自己制定行動方針。

上面提到的各項表單與工具都會在後續章節一一詳述。

「30年計畫的未來履歷書」

至於進階版——「三十年計畫的未來履歷書」是以「登山」的隱喻手法設定三十年後的目標，其中包括十年後、二十年後、三十年後的「三十年計畫的人生指南」，還可以此倒推，製作「三年計畫」。**當你能養成以十年為單位規畫人生的習慣，就能培養「創造未來的能力」，成為自己的強大武器。**

對於這種三十年後的超長期目標，許多人或許不會想到這麼遠，要設定這樣的目標也並不簡單。第八章會詳細說明「三十年計畫的未來履歷書」，如何利用提問、故事、隱喻、即興學習法，從潛意識中引導出你真正想追求的事。

「未來履歷書」就是要讓你成為自己人生的編劇家，成為故事的主角。客觀寫下劇本並照著實行，日常生活中也會增添有魅力的插曲。重點是肯定過去的自己，描繪未來目標的輪廓，提升躍躍欲試的期待感。

以長期觀點來考量時，思考範圍、行動範圍、影響範圍都會變得更廣。只要能夠想像十年後的自己，就可看清現在該做的事，也能養成以十年為單位思考事情的習慣。

如果你決定今後想成為哪個領域的專家或者成就什麼大事業，也可以透過「未來履歷書」實際感受到自己的成長。

此外，電影和小說的主角、女主角在日文中稱為「主人公」，其實主人公是禪的用語，意指「主動積極的自己」與「真實的自己」。換句話說，成為主人公，就是主動而積極地活出真實的自己。

電影或小說裡的諸多角色中，只有一位或二位主人公。然而在「未來履歷書」裡，任何人都可以是主人公，而且不是只有社長或部長等高層才能成為主人公，無關地位或頭銜，誰都可以成為自己人生劇本中的主人公。

不論是人生設計或是生涯規畫，自己主演，並且主動而積極地投入工作，才能感受到真正的喜悅。

「未來履歷書」的理論根據

「未來履歷書」有其理論根據，主要為以下三大理論。

首先是「人、組織、領導力」。

本書作者之一的田中道昭曾出版過《人與組織：領導力的經營學》一書，並在這個領域上提供許多企業顧問與研修的服務，他特別會使用「自我領導力」理論。

關於自我領導力，在本章的最後會有更詳細的解說，想進一步了解的朋友請務必參考看看。

第二是「自我行銷力」。

田中道昭在立教大學商學院授課時經常強調，不論是企業、組織，還是個人，行銷這項技能相當重要。特別是「個人品牌」，不但可以強化自身優勢，也能有效地對外展現實力。

圖 4　「未來履歷書」的理論根據 ①

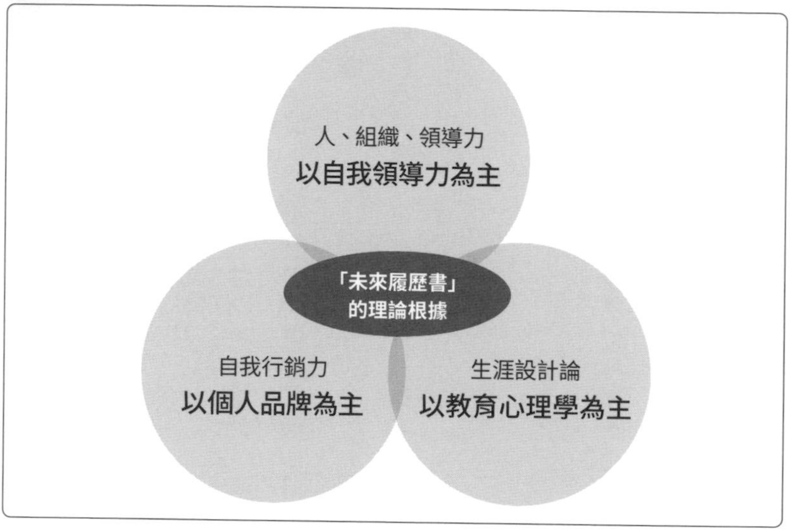
人、組織、領導力
以自我領導力為主
「未來履歷書」
的理論根據
自我行銷力
以個人品牌為主
生涯設計論
以教育心理學為主

第三是「生涯設計論」，偏向學術領域，其中特別活用了「教育心理學」。

田中道昭曾在上智大學專攻教育心理學，教育心理學是一門專門研究年齡如何影響生理和心理的學問。年齡所帶來的影響也是「未來履歷書」課程中的一環。

田中在立教大學商學院教授許多顧問和研修相關課程，所以也將這些教學經驗用於開發「未來履歷書」。

另外，「未來履歷書」還

圖5 「未來履歷書」的理論根據②

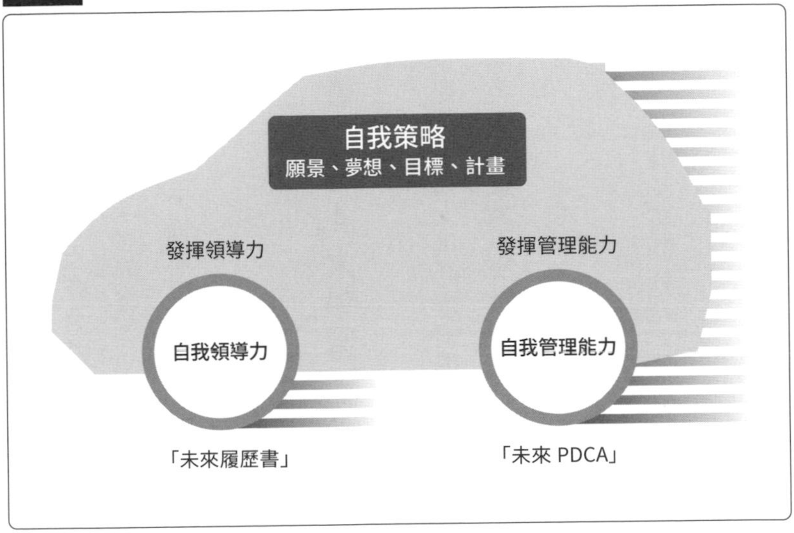
自我策略
願景、夢想、目標、計畫
發揮領導力
發揮管理能力
自我領導力
自我管理能力
「未來履歷書」
「未來 PDCA」

包含提升「自我策略」「自我領導力」「自我管理能力」等技能。

領導力就是給予動機並且鼓舞；管理能力則是讓個人和團隊根據規範而行動。組織執行策略時，領導力和管理能力是二大關鍵。而在個人達成人生目標的自我策略上，自我領導力和自我管理能力也是不可或缺。特別是自我領導力可以在個人身上發揮相當大的作用，能夠提升動力、自信、執行力，引領自己完成工作。透過「未來履歷書」也能學會自我領導力的技能。

自我管理能力與第七章會解說的「未來ＰＤＣＡ」有關。所謂「ＰＤＣＡ」就是透過「Ｐ」（計畫）、「Ｄ」（行動）、「Ｃ」（評價）、「Ａ」（改善）四個項目的循環來管理行動的模組。「未來履歷書」必須與「未來ＰＤＣＡ」搭配使用。

「未來履歷書」的4大學習法

前文也提到，三十年計畫這種長期目標設定可利用提問、故事、隱喻、即興學習法，從潛意識中引導出自己真正想追求的事。這些學習法容易記憶、留下深刻印象，能直接對潛意識起作用，不只有助於設定目標，也能促進自發性的行動。

人類是透過語言來思考的，換句話說，意識（思考）就是語言。另一方面，潛意識是指身體的感覺。特別是想建立重要的人際關係或培養自發性的行動，潛意識都扮演重要的角色。

圖6 「未來履歷書」的4大學習法

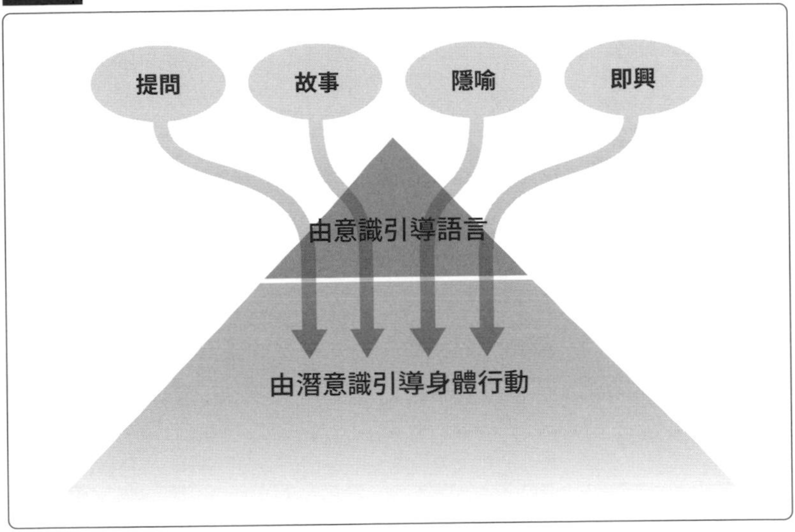

例如：面對討厭的同事，即使腦中清楚知道必須向對方展現友好態度，卻可能不小心顯露出厭惡的表情。這是因為潛意識的抗拒反映在身體表現上。決定是否信賴某人、為他人打開心房，潛意識掌握了很大的關鍵。

又例如：有些人雖然在腦中發誓一定要減重成功，結果還是吃太多，這也是因為潛意識並沒有認識到減重這個目標。

提問

提問學習法如第二章所述，是發揮大腦自動填補空白的本能。

一般情況下，若只使用肯定句或否定句說話，難以讓話中訊息深入對方的意識與潛意識中，例如以下對話：

「這麼忙，真是辛苦了！」

「對呀！」

如此一來話題就結束了，但你可以改變說話方式：

「為什麼會這麼忙呢？」

這時，對方會因為你的提問而開始思考答案。提問是讓潛意識開始運作的有效方法。

故事

故事學習法是運用大腦善於處理視覺的特質。

比起文字，大腦更擅長處理視覺，一旦將資訊以圖像的形式呈現，便會留在潛意識中。這種方法與擅長記憶的高手會用故事來記憶是一樣的道理。

隱喻

至於隱喻學習法屬於比喻的一種，是一種置換手法，意指將一個事物的名稱轉用於另一個事物，以另一種容易理解的事物重新詮釋，好加深印象。

例如：從古至今，小說家、詩人會將「人生」「愛」「慾望」等抽象的狀態置換成「旅行」這種身邊的事物；前面章節提到的「任務＝燈塔指引」「感謝＝手電筒」也屬於隱喻。

隱喻能引導人挖掘出平時無法用言語表達的重要想法，臨床心理學、精神醫學等領域也會透過隱喻將病人埋藏在潛意識的情感引導到意識層面。

「三十年計畫的未來履歷書」中會使用到的「登山學習表」，也應用了隱喻的手法。當你被問到「你的目標是什麼？」時，通常一時之間回答不出來，但如果把問題改為「要是在你前進的路上，有許多山擋在面前，你覺得是什麼樣的山呢？」時，你的腦中應該會浮現出許多畫面，因為隱喻在潛意識中發揮了作用。有關「登山學習表」的應用會於第八章詳述。

即興

即興學習法如同第二章的說明，是相當先進的主動學習法之一，在此不再贅述。

即興教育可以培養創新的問題解決能力和迅速的應對能力，也能引出潛意識中的願景或任務。

閱讀到這裡，你應該很清楚「未來履歷書」的理論根據了吧！

「泛舟型」生涯的3位學員，如何重新規畫人生？

正式說明「未來履歷書」的實踐方法前，再介紹一下參與「未來履歷書」講座的三位學員的背景。

這三人各有不同的工作、職涯、所處環境、人生哲學、思考方式、目標，各位可以參考他們的例子，找出與自己相近的地方，設計專屬你的「未來履歷書」。

【案例1】居酒屋店長——土井先生

第一位是土井哲人（化名）先生，三十五歲。

土井先生大學輟學後在居酒屋打工三年，後來由於工作表現良好而升為店長。然而，大學輟學的挫折再加上三年的打工生活，他陷入長期的低潮狀態。回想起這段經歷，他這麼說：

「從兼差打工升到正職店長，我才開始對自己的生涯規畫產生一點動力。但即使當上店長，我還是不清楚未來的路該怎麼走，似乎注定要在居酒屋工作一輩子了，很煩惱該如何突破現狀……」

後來，土井先生參加「未來履歷書」講座，開始設定三年後、十年後、三十年後的目標，讓自己的生涯從「泛舟型」轉為「登山型」。

三年後的目標：轉至總公司擔任採購。

十年後的目標：設立農業法人，不透過農協，進行農作物產地直送。

三十年後的目標：在東南亞地區發展農業，同時為日本和食連鎖餐廳提供食材，雖然利潤不高，但仍想為東南亞農業振興盡一份心力。

後面的章節還會詳細介紹土井先生的故事，不過這裡先簡單說明他的情況：土井先生一直以來很想改變「不可改變的要素」——「資質」（或稱「才

圖 7 「登山型」生涯

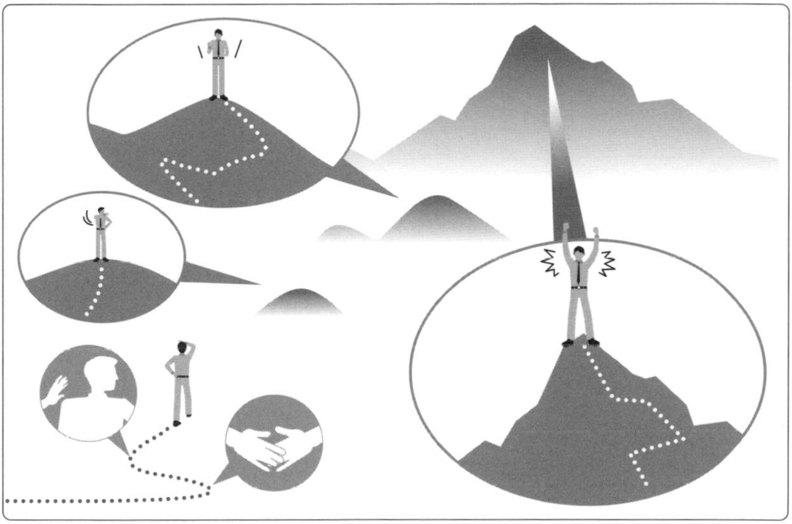

能」）來翻轉平庸人生。然而他在課程中發現，其實不需要煩惱如何改變「資質」，反而是把「資質」當作強項，這麼一來還能提升「技術」和「知識」等其他「可改變的要素」。土井先生表示，這是「至今人生中最大的發現」。

土井先生吐露以下感想，值得注意的是，這是擁有自我肯定感的人特有的想法：

「我最近經常獨自煩惱，

心中出現好幾個『我』在怪罪自己什麼都不是：『為什麼你辦不到？』『為什麼你總是這個樣子？』『你再多加把勁吧！』後來整理目前的工作，也設定未來的目標後，我發現能從過去的自己找出可以幫助目前工作和未來發展的地方，而那些自我責怪的聲音也神奇地消失了。原本我不知道人為何要工作，自己的狀況也不太好，當了三年的打工族，一直在混日子，但現在我總算找到工作的意義了。」

【案例2】保險公司業務——工藤先生

第二位是工藤太一（化名）先生，二十六歲。

工藤先生從知名私立大學畢業後，進入大型保險公司，目前擔任橫濱分店的業務。但他表示，自己的業績普通，在公司裡像是可有可無的存在。

「我非常拚，也有自己的夢想，但現在因為工作很忙，沒有時間好好思考，就這樣不知不覺在這個工作崗位上待了三年。聽到有人說我很努力，其

實我不覺得自己特別做了什麼……但工作上我可沒有渾水摸魚喔！」

工藤先生的說法聽起來像是在辯解什麼。他想要有所改變，於是參與「未來履歷書」講座，大膽設定以下目標：

三年後的目標：主動申請轉調總公司，在重要部門拚出好成績。

十年後的目標：成為最年輕的人資課長（在該公司中，當上人資課長是一條升遷之路）。

三十年後的目標：當上最年輕的總經理。

「其實我根本沒想到自己會設下這麼大的目標，但自從設定較大的目標後，我開始了解到心中的障礙是什麼。」

其實，工藤先生在所有學員當中堪稱成長最多的。他究竟產生什麼樣的改變？改變的契機是什麼？他又覺察到了什麼？讓我們好好期待一下工藤先生的發展吧！

【案例3】新創公司部長——福井先生

第三位是福井裕二（化名）先生，三十二歲。

福井先生參加「未來履歷書」講座前就已經產生「深度變化」，他從大型企業離職，目前擔任人才服務新創公司的部長。雖然目前他的生涯看似屬於「登山」階段，但對於該如何「攻頂」仍然非常迷惘。

「我希望之後可以自行創業，所以辭掉原本的大企業，轉職到新創公司。雖然目前擔任部長，但看不到待在這家公司能有什麼發展，所以很煩惱到底要再換工作還是就直接創業了。」

十分煩惱的福井先生參加講座後，開始設立明確的目標：

三年後的目標：讓目前的公司業績成長，並擔任董事。
十年後的目標：自己創業開公司，轉攻婚宴市場。
三十年後的目標：成為上市公司，業績持續成長，成為業界龍頭。

大型企業出身的福井先生，目前在新創公司的人才服務領域打拚，主要負責二間婚宴公司，因此接觸到婚宴市場，他發現：「認為辦婚禮太浪費錢」的「不辦派」不斷增加，令他感到憂心；另一方面，也開始出現愈來愈多「想節省婚禮花費」的「節儉派」。在新創公司服務的福井先生靈機一動，決定透過這二間婚宴公司累積婚宴市場的人脈，並運用這些人脈發展新事業，解決少子高齡化的社會問題。

這三名學員各自設定了三年後、十年後、三十年後的目標，接下來，他們究竟如何以全新的心態將生涯轉變為「登山型」，或者更上一層樓呢？這個答案會在下一章詳細說明。

領導理論的根基——「自我領導力」

在這一小節，要詳細說明「自我領導力」了。

自我領導力不只是「未來履歷書」的理論根據之一，也是有助於實踐「未來履歷書」的基礎技能。

美國的領導理論將領導力分為以下四階段：

1. 自我領導力
2. 團隊領導力
3. 社群領導力
4. 國際領導力

最頂層的「國際領導力」是指商業活動和經濟社會更加國際化後，必須培養視野廣闊的領導力，也是近年來較受到注目的領導力概念。最新的領導理論認為，要培養國際領導力，必須先具備其他階段的領導力——從有關社會

圖8　領導力4階段

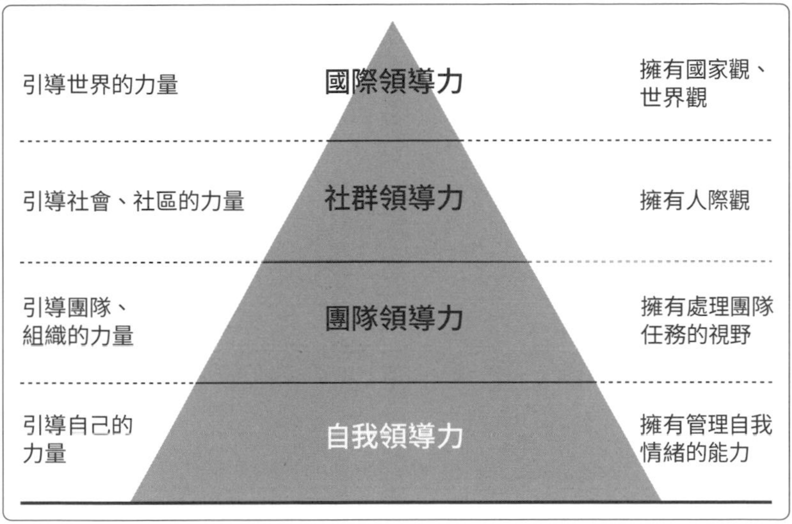
引導世界的力量
國際領導力
擁有國家觀、世界觀
引導社會、社區的力量
社群領導力
擁有人際觀
引導團隊、組織的力量
團隊領導力
擁有處理團隊任務的視野
引導自己的力量
自我領導力
擁有管理自我情緒的能力

或社區的「社群領導力」、協助組織順利運作的「團隊領導力」，到最基礎的「自我領導力」。自我領導力是什麼呢？簡單來說，很類似情緒管理法——引導自己以積極的態度朝目標前進。

本書作者之一的田中道昭在美國留學取得MBA時，領導理論是一年的必修科目，課程目標是習得國際領導力，然而光是自我領導力就占了八成的學習時間。換句話說，自我領導力是所有領導力中最重要也最為困難的項目。

那麼，想要領導自己，最需要什麼呢？

以結論而言，就是「任務」。還記得第一章提到企業策略理論中的「任務、願景、價值」金字塔嗎？將這個概念套用在個人的話，位於金字塔頂端的任務，意指思考或行為的本質，例如存在意義、存在理由、使命等。而任務、願景、價值這三階段是環環相扣的。若你清楚知道自己的任務，代表也有明確的願景；若有明確的願景，表示你知道自己該採取什麼行動（價值觀、行動準則）。換句話說，如果你能擁有核心領導力——自我領導力，就能找到任務。

沒有任務的人很難培養自我領導力。無法培養自我領導力的人，當然也不可能擁有其他領導力。

領導力從「I am OK」做起

身為領導者必須對追隨者傾注信賴與情感，相信大家都能理解這點。然而，理解是一回事，實際執行卻又是另一回事了。

以心理學的角度來說，能夠愛自己，才有能力愛別人。愛自己，是一種自我肯定感；要肯定他人，首先必須接受真實的自己。可以對自己說「I am OK」的人，才能發自內心對他人說「You are OK」，並且真正肯定對方。相反的，認為自己「I am not OK」的人，也容易對他人說「You are not OK」。不喜歡自己、不接受真實的自己，甚至自我厭惡的人，會將負面想法「投射」在他人身上。

可以真正做到愛自己也愛別人，其實不是一件簡單的事。心理學中有一種名為「交流分析」（Transactional Analysis, TA）的理論，本來是探討與親子溝通有關的個人成長和變化，也可以用來分析和評價一般的人際關係。交流分析中，將人際關係定義為「人生的基本立場」，並分為以下四種：

1.「I am OK, You are OK」：互相認同的立場。

2.「I am OK, You are not OK」：只有對方不好，怪罪他人的立場。

3.「I am not OK, You are OK」：只有自己不好，感到自卑的立場。

4.「I am not OK, You are not OK」：認為所有人都不好的立場。

在工作上最具生產力的當然是「I am OK, You are OK」。身為領導者，請盡可能維持這種最有工作效率的團隊關係。畢竟要讓組織有效運轉，不能只靠個人績效，發揮團隊合作的力量才是上上策。「I am OK, You are OK」這種互相認同與信賴的關係是最佳狀態，能發揮最強戰力。這種狀態對個人的人際關係來說也是如此，因為做任何事情其實都需要周圍的人的協助，彼此認同十分重要。

雖說「I am OK」是接受他人的基本態度，但要進到這樣的心理狀態，其實先決條件是從他人接收到「You are OK」的訊息，也是一種連鎖效應。

如果你曾接觸過優秀的領導人，應該會確實感受到絕大多數的人都有很強的自我肯定感，不但積極開朗，面對任何困難或問題都保有自信，打從心底認為「一定會順利的」「我一定能越過這個關卡」，深信自己的實力。他們大多有一顆寬容的心，可以包容他人；即使較為嚴厲，他們的追隨者也能從中感受到關愛，安心地跟著領導者。

這些優秀領導人的共通點，就是同時擁有自我肯定感與被愛的體驗。換句話說，他們的人生中接收到許多「You are OK」的訊息，主要是在孩提時代和青春期來自父母或親人的肯定。只有確實感受到關愛，才能真正愛自己；能夠愛自己，才有能力愛他人。現在，請你回憶自己的過往，是否曾有過「被關愛」的真實感受？

如果你無法信任同事或上司，也無法建立愛的關係，那麼不妨先接受現在的自己，然後試著在記憶中尋找被愛的體驗吧！在心理學中，即使只是客觀看待事實，也會產生改變現狀的力量。

職務愈高，愈難獲得他人的肯定

當我們逐漸長大後，來自他人「You are OK」的訊息會愈來愈少。只要思考我們平時會因為對方的年齡大小而採取不同的態度就能了解。

例如：面對嬰兒或剛學走路的幼兒，我們通常都會予以無條件的呵護和疼愛，他們需要百分之百的保護，家人和周遭的人都會不斷給予關愛和照顧；當孩子漸漸長大，我們會認為不能再繼續這樣寵著孩子，有時也得透過斥責來教育，督促他們成長、自立；而孩子讀到高中、大學後，由於年齡已經接近成人，對他們說「You are OK」的情況會更加減少；等到出了社會，被人說「You are OK」又會變得更少，甚至職場上的前輩、上司會毫不留情地說「You are not OK」。

像這樣，隨著年齡的增長，接收到來自他人的「You are OK」會愈來愈少。特別是管理階層，已經很難有機會聽到「You are OK」。當然，當上老闆後也許會備受許多追隨者景仰，但這裡所說的「You are OK」並不是表面上的稱讚，而是發自內心肯定一個人的本質，以平行的視線表達溫和而包容的肯定。所以，身為一位經營者或領導人，能夠得到真正的「You are OK」並非易事。

能夠對下屬傾注關愛的絕大部分領導者，都在兒時體驗過來自父母或兄弟姊妹的愛；相對的，從小缺乏關愛的領導者，難以真心肯定、關愛下屬。

對自己說「You are OK」的「自我領導力」

針對上一節的問題，可以從自我領導力的討探中找到對策。這裡再次用前文所介紹的領導力四階段來說明。

首先是「團隊領導力」，意指帶領公司或團隊，凝聚向心力、增進工作效率的能力。經營者、幹部、管理階層都包含在內。這個階段的領導者必須確立團隊的任務，並讓每位成員對任務都有所共識。

再往上一階是「社群領導力」，也就是領導整個社會，通常是縣市或地方的公職人員或政治家，他們需要擁有人生哲學、社會願景。

接著再往上一個階段，是影響範圍更大的「國際領導力」。這種領導力等於是引領世界走向的能力。這個層級的領導者除了政治家以外，還有藝術家、宗教人士、思想家，必須具有超脫國家框架的格局、世界觀、歷史觀。

至於最底階層，也是最核心的是「自我領導力」。這是一種自己領導自己，做到「情緒」控管，進而產生動力的能力。

MIT商學院的肯・布蘭查（Ken Blanchard）教授在《自我領導力與一分鐘經理人：透過情境自我領導力提升工作效率》（*Self Leadership and the One Minute Manager: Increasing Effectiveness Through Situational Self Leadership*）一書中提及，自我領導力是一種自我管理並引導自己達成目標的能力。通常，愈優秀的領導者擁有愈強大的自我領導力。

孩提時期較少受到關愛的人無法自我肯定，也難以接納、關愛他人。這樣的人必須學習自我認同，也就是從平時就對自己說「You are OK」，獲得「I am OK」的感受，進而讓自己變得能夠接受、認同、關愛他人。

自我領導力對任何人而言都是必備的能力，如果每個人都能自我肯定，進而肯定他人，就能建立「I am OK, You are OK」的連結，提高生產力與幸福感。特別是若你屬於管理層級的職位，那麼就一定要建立一個讓團隊成員自然說出「I am OK, You are OK」的工作環境。

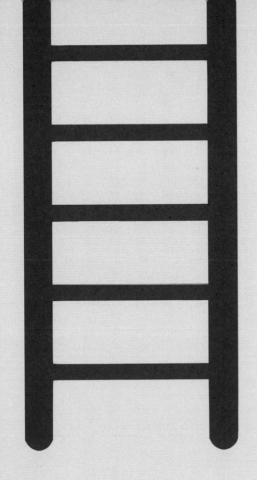

用「昨日履歷書」肯定真實的自己

——找出自己真正的武器

「きのうの履歴書」

IV

「參與度圖表」搭配「提問」學習法

本章要進到「未來履歷書」的第一大部分——「昨日履歷書」。

第一階段是，請回顧自己的過去經歷。上一章提到，人生有起有落，有高峰也有低谷，什麼事情都可能會遇到。不論是成功的經驗還是失敗的經驗，一定要予以接納，對自己說「I am OK」。

當然，面對失敗和挫折，除了接納之外更要探討其中的意義，這是很重要的學習過程，特別是發現那些無論在順境或逆境都支持自己的人，對他們萌生感謝。接著依照年分，將各階段所發生的大事，依據當時「參與度」（對當下事物的期待感和幸福感）的高低，記錄在「參與度圖表」上，再將各點連結起來，畫出人生中的高峰和低谷。

其實，如果能用長期俯瞰的方式看待人生，你會發現自己更能掌握生活的自主權，並朝向未來的目標前進。

至於回顧的起點可自行決定。你可以選擇剛出生時、讀高中時、剛出社會工作時。在「未來履歷書」講座中，若是企業研修的課程，會從剛出社會開始回顧；若是個人進修的課程，則會從剛出生時開始回顧。

請一邊看著自己的「參與度圖表」，一邊用以下問題詢問自己。本書已經提過，「提問」學習法有助於你將潛意識中的答案引導出來。

首先是你的參與度處於低谷狀態的問題：

Q1：從低潮復原的契機是什麼？

Q2：從低潮復原的過程中，是否有支持你的人？

Q3：回顧從低潮復原的過程時，是否有想要感謝的人？

圖 9　「參與度圖表」

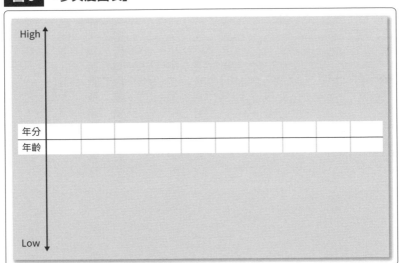

接著是參與度處於高峰狀態的問題：

Q4：處於高峰狀態或獲得成功體驗的原因為何？

Q5：處於高峰狀態或獲得成功體驗的過程中，是否有支持你的人？

Q6：回顧處於高峰狀態或獲得成功體驗時，是否有想要感謝的人？

透過這些提問，不只是將過去發生的事情一一列出來，還可以喚起深層記憶，讓你有新的發現——感謝一些意想不到或者已經淡出記憶的人。例如：當時某個討厭鬼或許是為自己好才說出傷人的真話之類的。

【案例1】保險公司業務——工藤先生

我們來參考上一章介紹的學員之一——工藤先生的「參與度圖表」。工藤先生目前任職於大型保險公司。他從高中一年級開始回顧。

剛進高中時，工藤先生對任何事物都有強烈的興趣，高三甚至在校慶上大出風頭。那時，大學考試即將到來，同學們幾乎無暇顧及校慶相關活動，然而工藤先生在班際對抗的戲劇大賽中執導，好友寺島（化名）先生則負責寫劇本。

一開始只有二人準備活動內容，然而班上其他同學看到他們的努力，愈來愈多人主動參與活動的準備。最後，他們在五個班級中奪冠。工藤先生的熱忱和衝勁讓其他同學們願意跟隨他，給予協助，因此他在這段時期的參與度大幅提升。

但也因為工藤先生將大部分精力用在校慶上，沒有考上自己想就讀的知名國立大學，他陷入人生低潮。後來決定重考，拚命念書，總算在隔年考上知名私立大學。這時，工藤先生的參與度也升到高峰。

大學時期的工藤先生想磨練自己的說話技巧，變得更能言善道，因此加入辯論社。然而，與他同時期加入社團的朋友們展現高強的實力，工藤先生開始感到自卑。不過，他仍努力和朋友們切磋辯論技巧，在大三時奪得辯論大賽冠軍，也變得更有自信。

大學畢業後，工藤先生如願進入大型保險公司，因此參與度又提升了一些。第一、二年，他的工作企圖心強，業績卻一直沒有起色。現在的他，參與度大幅下降，呈現低潮狀態，生涯處於「泛舟」階段。

讓我們來客觀分析工藤先生的「參與度圖表」：雖然遭遇失敗和感到自卑時會讓參與度下降，但這些挫敗對他來說正是轉機，因為一旦歷經挫折，參與度就會出現飛躍性的提升。由此可見，只要契機出現，工藤先生就能發揮實力。也因此，工藤先生目前的困境在於沒有遇到太大的挫敗，對工作感到興趣缺缺，找不到讓自己翻身的契機。

至於工藤先生本人從自己的「參與度圖表」得到的發現，與前文敘述如出一轍：

「我好像一直有這樣的傾向：重大的失敗和強烈的自卑感反而促使我更加努力。同時我也發現，陷入難關時總是有人來幫我，我非常感謝這些貴人。我想將感謝化為前進的動力。」

透過「參與度圖表」，工藤先生找到想要感謝的人，內心也重獲幸福感。

【案例2】居酒屋店長——土井先生

接著，稍微介紹一下居酒屋店長土井先生的例子。

土井先生表示，光是透過「參與度圖表」回顧過往就是一大轉機，同時也發現自己非常想要改變「不可改變的要素」，但卻充滿了不如意和無力感。然而，接納這些失敗體驗、正視狀況不佳的自己之後，心中突然湧上強烈的感受——他找到自己想追求的事情了。其實，所謂的自我肯定，並不只是肯定自己的強項、優點、極佳狀態等積極的面向，像土井先生這樣，接納自己的失敗與不如意，就能逐漸走出焦慮。

土井先生透過「參與度圖表」了解到人生有起有落，而或許就在此刻，改變的開關已經打開了。

踏上一段「英雄旅程」，把「惡魔」變成「導師」

「昨日履歷書」的第二階段，就是描繪自己的「英雄旅程」。你可以將那些不經意提到的往事實際套用在「英雄旅程」的公式，能夠獲得許多啟發。

前面章節提到，「英雄旅程」是研究世界各國的神話、民間傳說後所推導出來的英雄故事公式，受到廣泛的運用。美國神話學者約瑟夫・坎伯先生在《千面英雄》（*The Hero with a Thousand Faces*）一書中，將這個研究成果做了一番精闢的解說。如果想更深入了解「英雄旅程」，建議閱讀池田貴將先生的著作《未來記憶成功術：向未來預借自信，輕鬆打造「我做得到」的人生！》，本書也參考該書的部分內容。

不論東洋或西洋，英雄故事的發展都有一套公式——主角通過數次考驗後獲得成長。許多小說和電影也經常應用這個模式，最知名的就是喬治・盧卡斯（George Lucas）執導的《星際大戰》。《哈利波特》也屬於典型的「英雄旅程」。

以下是「英雄旅程」的固定流程：

1. 天命：發現自己的使命。

2. 啟程：為完成使命而踏上旅程。

3. 面臨困境：遭遇困難或阻礙。
4. 導師：與引導自己解決難題的師父相遇。
5. 惡魔：看似即將成功，結果仍舊失敗，於是再度面臨困境。
6. 蛻變：在失敗和困境的考驗中自我成長。
7. 解決問題：跨越困境，達成使命。
8. 回鄉：成為英雄，並發現新的使命，再度踏上旅程。

這種故事發展的重點在於如何遇到「導師」。獲得「武器」後雖然能戰勝對手，但可能因為自身的傲慢與遇上更強大的「惡魔」而被打敗。透過反省，自我成長，最後才能消滅「惡魔」。

其實，我們的人生也能套用這樣的公式，若透過「昨日履歷書」來回顧自己的「英雄旅程」，就如以下流程：

1. 天命：對你來說，此時的使命為何？
2. 啟程：此時的事情開端、契機為何？

3. 面臨困境：此時的障礙、困難為何？

4. 導師：此時能影響自己的人、事、物、書籍為何？

5. 惡魔：此時最大的障礙、困難為何？

6. 蛻變：此時跨越難關、解決難題的方式為何？

7. 解決問題：此時完成的課題為何？

8. 回鄉：完成課題後所得到的經驗與此時的心情為何？

現實生活中，代表「惡魔」的事物不是只有被批評、被斥責、被欺騙這種人際關係，也可以是失業、破產這類事件，無論何種困難，都可以用「惡魔」這個詞替代，這就是使用隱喻的手法，一方面緩和負面印象，也有助於快速重建信心。

請按照前述的故事流程，試著將你的過去塑造成典型的「英雄旅程」吧！

圖 10 「英雄旅程」

1．天命（Calling）：對你來說，此時的使命為何？

「____」

發現自己的使命。

2．啟程（Commitment）：此時的事情開端、契機為何？

「____」

為完成使命而踏上旅程。

3．面臨困境（Threshold）：此時的障礙、困難為何？

「____」

遭遇困難或障礙。

4．導師（Guardians）：此時能影響自己的人、事、物、書籍為何？

「____」

與引導自己解決難題的師父相遇。

5．惡魔（Demon）：此時最大的障礙、困難為何？

「____」

看似即將成功，結果仍舊失敗，於是再度面臨困境。

6．蛻變（Transformation）：此時跨越難關、解決難題的方法為何？

「____」

在失敗和困境的考驗中自我成長。

7．解決問題（Complete the task）：此時完成的課題為何？

「____」

跨越困境，達成使命。

8．回鄉（Return home）：完成課題後所得到的經驗與此時的心情為何？

「____」

成為英雄，並發現新的使命，再度踏上旅程。

意義

【案例】保險公司業務——工藤先生

對工藤先生來說，進入嚮往的大型保險公司就是他的「天命」。不過，「天命」其實是指本書所說的任務，因此光是擁有一份滿意的工作並不表示已經找到自己的任務。畢業於知名大學的工藤先生，剛進公司時心理狀態佳，上司對他頗有期待，也有好前輩關照，大家都是工藤先生的「導師」。

然而，接下來才是考驗的開始。工藤先生自畢業以來一路順風，處在順遂的職場環境，漸漸的，心態變得傲慢，而且直接影響業績。原本交情好的老客戶紛紛遠離他，不願與他談生意；親切的上司也變得嚴厲，經常刁難他……工藤先生所遭遇的狀況，簡直可說是到處都是「惡魔」。

沒有「武器」也能保持強大的內心

擊敗「惡魔」的唯一祕訣就是覺察到，**擁有「武器」並不是真正的強者，當你一無所有時仍擁有的優勢，才是真正的強大。**

很多人將學歷、頭銜、知識、技術、證照當作是在社會闖蕩的武器。

然而，世界上也存在這樣的人——在人生旅途中偶然相識，在閒聊之中漸漸感受到對方的魅力；不知其來歷與名字，也沒談到工作或私事，對方卻散發出一股迷人的魅力。這是出自潛意識的反應，也就是所謂的直覺。而這樣的人才是真正的強者。

如果你傲慢地認為，別人應該對你的頭銜、證照心生敬意，那麼你也無法判斷這到底是做做表面工夫，還是真心如此認為。

在製作自己的「英雄旅程」時，請回答以下問題：

Q1：什麼是你的武器？

Q2：當你一無所有時有什麼優勢？

Q3：你如何運用這樣的優勢幫助身邊的人？

以上全部作答完畢後，請基於前述問題，問自己下列幾題：

Q1：假設你現在面臨挑戰，會如何因應？

Q2：假設你現在擁有「武器」，而且可以隨心所欲地使用它，你會如何運用？

【案例】保險公司業務——工藤先生

工藤先生曾以為學歷和保險知識是自己的武器，然而後來他發現自己真正的優勢是：誠信、備受信賴、對上司和客戶的應對進退得宜。他再度回到原點自我檢討後，想以誠實的態度與他人重建關係，並好好活用自己的保險知識。工藤先生注意到自己最大的問題：過去他誤以為是武器的學歷和累積三年的專業知識反而讓自己變得傲慢。因此，他決定讓誠實和信用轉變成真正的武器。

從工藤先生的例子來看，遇見「惡魔」不一定不幸，反而是成長的機會。當你遇見「惡魔」，也是可以重新審視願景和任務、發覺一直以來支持你的人的機會。

你或許早已在不知不覺中變得傲慢，讓上司和前輩感到不舒服。人在不順遂的時候，通常會怪罪身邊的人和所處環境來保護自己。但重新審視自己的想法和行為，有助於改變現狀。所以說，**「惡魔」也可以成為「導師」**。

當你運用「參與度圖表」和「英雄旅程」接納過去，並從中有了新發現，就代表你已經開始自我肯定，能發自內心對自己說一聲「I am OK」了。而且此時，原本對他人不滿等負面情緒會漸漸轉換為感謝，甚至昇華為幸福感。吸取過去的經驗，專注在當下，塑造全新的自己，對任何事物都充滿期待與喜悅。而這一切，都是為了設計「未來履歷書」所做的準備！

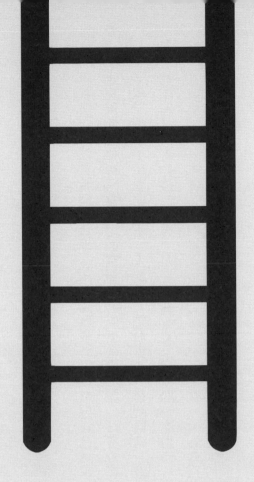

用「今日履歷書」重新愛上你的工作
——挖掘沉睡在深處中的優勢

「きょうの履歴書」

V

用「工作重要度檢核列表」重新認識你的工作

本書已經反覆強調：透過「未來履歷書」可以發現自己真正想追求的事，也會因此體悟到「當下」的重要，例如：手邊工作、日常業務等例行公事。

舉一個例子來說明。不少人認為，電話約訪、登門推銷，做這種像剛入行的業務員的工作沒有意義。但是，請看看公司裡的一流業務員——他們會扎扎實實地做好電訪、登門推銷這些乏味的初階工作。因為愈頂尖的業務員愈深知這些例行公事的重要性，不會覺得自己是不得已而為之，而是自發性地完成這些工作。

行為科學的研究也顯示，將例行公事視為重要工作的心態其實是引導自己產生變化的關鍵。第一章已經提過，自我肯定能打開潛意識中積極向前的開關，換句話說，即使你想改變現狀，然而由於你對於目前的工作、例行公事抱持否定的態度，也代表著潛意識拒絕改變。

有了上述概念後，本章要介紹「未來履歷書」的第二大部分——「今日履歷書」。首先要製作「工作重要度檢核列表」。這張表單可以幫助你重新認識所屬公司與其產品、服務對自己甚至是社會有什麼價值和重要性。

以下九項問題，可以幫助你了解目前的工作：

1. 你的公司具有什麼特色（例如公司的強項、文化、歷史、實績）？
2. 你的公司旗下產品或服務具有什麼特色（例如公司的強項、文化、歷史、實績）？
3. 你的公司客戶所屬企業？旗下員工又如何？
4. 你的公司旗下產品或服務可以為客戶帶來什麼幫助？
5. 使用你的公司旗下產品或服務後，你的客戶會產生正向情緒嗎？
6. 使用你的公司旗下產品或服務後，你的客戶會感到安心、擁有自信嗎？
7. 在這樣的公司工作，你覺得自己會得到成就感嗎？
8. 在你現在的公司工作，你獲得什麼成長？
9. 在這樣的公司工作，你覺得有何意義？

圖11

「工作重要度檢核列表」

1．你的公司具有什麼特色（例如公司的強項、文化、歷史、實績）？

2．你的公司旗下產品或服務具有什麼特色（例如公司的強項、文化、歷史、實績）？

3．你的公司客戶所屬企業？旗下員工又如何？

4．你的公司旗下產品或服務可以為客戶帶來什麼幫助？

5．使用你的公司旗下產品或服務後，你的客戶會產生正向情緒嗎？

6．使用你的公司旗下產品或服務後，你的客戶會感到安心、擁有自信嗎？

7．在這樣的公司工作，你覺得自己會得到成就感嗎？

8．在你現在的公司工作，你獲得什麼成長？

9．在這樣的公司工作，你覺得有何意義？

【案例】保險公司業務——工藤先生

以下用販賣保險產品的業務工藤先生的回答作為例子，參考他對目前工作的看法：

1. 公司的特色：具有獨特歷史和傳統。
2. 公司產品或服務的特色：可提供最具傳統價值的產品。
3. 客戶：知名企業集團或優秀的中堅企業。
4. 對客戶的幫助：發生意外狀況時，可提供應有的保障。
5. 客戶的正向情緒：可靠、值得信賴。
6. 客戶的安心感、自信：可放心從事本業。
7. 你的成就感：為了客戶使命必達。
8. 你的成長：在工作磨練自己，並且感到喜悅。
9. 該工作的意義：有助於自我成長。

圖12 「工作重要度檢核列表」（以工藤先生為例）

1．你的公司具有什麼特色（例如公司的強項、文化、歷史、實績）？

具有獨特歷史和傳統。

2．你的公司旗下產品或服務具有什麼特色（例如公司的強項、文化、歷史、實績）？

可提供最具傳統價值的產品。

3．你的公司客戶所屬企業？旗下員工又如何？

知名企業集團或優秀的中堅企業。

4．你的公司旗下產品或服務可以為客戶帶來什麼幫助？

發生意外狀況時，可提供應有的保障。

5．使用你的公司旗下產品或服務後，你的客戶會產生正向情緒嗎？

可靠、值得信賴。

6．使用你的公司旗下產品或服務後，你的客戶會感到安心、擁有自信嗎？

可放心從事本業。

7．在這樣的公司工作，你覺得自己會得到成就感嗎？

為了客戶使命必達。

8．在你現在的公司工作，你獲得什麼成長？

在工作磨練自己，並且感到喜悅。

9．在這樣的公司工作，你覺得有何意義？

有助於自我成長。

工藤先生透過「工作重要度檢核列表」了解所屬公司能為客戶提供「值得信賴」的產品和服務，也重新認識到自己在工作中所擔任的重責是讓客戶「可放心從事本業」。此外，這份工作不但能磨練自己、達到自我成長，甚至能加深對工作的使命感。

工藤先生也從列表的答案中重新發現自己的工作價值觀——用公司特有的歷史文化和傳統商品，讓客戶安心，提供有保障的服務。

用「價值觀列表」了解自己的本質

接下來是「價值觀列表」。請找出在工作中對你來說特別重要的價值觀。

請參閱圖13，從三十八個價值觀中先選出六個重要的價值觀，再從這六個當中選出三個更為重要的價值觀。

這三十八個價值觀是來自豐富公平先生的著作《達成力：跟世界第一導師學「達成目標」的方法》，書中也引用美國著名的領導理論專家約翰·C·麥可（John Calvin Maxwell）先生的「三十八項價值觀」。

【案例】保險公司業務——工藤先生

這三十八項價值觀中，工藤先生最初選擇以下六項：

成就感：不管是數字還是品質，都會盡全力去完成。

能力：想擁有比他人更優秀的能力，不斷精進自我技能。

滿足客戶：重視有商業往來的客戶，並讓客戶感到高興。

成長：熱中於進修、自我投資。

誠實或清廉：誠實待人最有價值。

信用：得到他人信賴會感到喜悅，以

圖 13「價值觀列表」

1. 責任感	2. 成就感	3. 權力	4. 平衡	5. 變化	6. 承諾
7. 能力	8. 勇氣	9. 想像力	10. 滿足客戶	11. 多樣性	12. 效果
13. 效率	14. 公正	15. 信念或宗教	16. 家庭	17. 健康	18. 有趣
19. 成長	20. 正直	21. 獨立	22. 誠實或清廉	23. 知識	24. 遺產
25. 忠誠	26. 金錢或財產	27. 熱忱	28. 完美	29. 品質	30. 表揚
31. 簡單	32. 地位	33. 形式	34. 團隊合作	35. 信用	36. 緊急
37. 服務奉獻	38. 智慧				

1	38 項價值觀中選出 6 項					
2	6 項中選出 3 項					
3	按照重要程度排序	第 1		第 2		第 3

出處：豐富公平《達成力：跟世界第一導師學「達成目標」的方法》

不違背他人信賴為原則。

工藤先生又從六項當中選出三項更為重要的價值觀，並排定優先順序：

1. 成長
2. 誠實或清廉
3. 信用

對於這樣的選擇，工藤先生的解釋如下：

「從裡面挑出我認為特別重要的價值觀，還真是讓我煩惱很久。我覺得責任感、公平、知識、熱忱都很重要，最後我選了成就感、能力、滿足客戶、成長、誠實或清廉、信用這六項。其中，我認為誠實和信用特別重要，因為我希望客戶可以滿意我提供的服務。不過，要從六項裡再挑出三項時，又讓我傷透腦筋。當然，我選了誠實和信用，不過三項裡最重要的還是成長，畢

竟，自己要持續進步才能提供讓客戶滿意的服務，所以必須想辦法自我強化。透過重重的慎選，我了解什麼才是自己在工作上最重視的價值觀。」

另外，雖然工藤先生目前對工作的熱情減退，也失去客戶的信賴，不過透過這張列表，他了解自己的本質就是誠實、有信用，也是個拚命三郎。

用「工作盤點列表」對討厭的工作改觀

了解自己的工作價值觀後，接著就是篩選目前的工作內容，也就是製作「工作盤點列表」。

請整理你目前的所有工作，可以先參考圖14的工作例一覽表，從中找出與自己相符的狀況，寫下主要的二十項工作內容。

【案例】保險公司業務——工藤先生

工藤先生則列出以下二十項業務：

- 電話和電子郵件應對
- 訪客應對
- 製作公司文件
- 製作提案書
- 完成簽約手續
- 文件歸檔
- 完成保險費結算手續
- 管理與分析顧客資訊
- 協助顧客和代理店
- 管理數據
- 調停業務糾紛
- 管理意外狀況
- 完成保險更新手續
- 擔任說明會講師
- 學習產品知識
- 學習業界知識
- 支援代理店
- 客服應對
- 精算經費
- 指導新進員工

企畫、計畫	製作、制定	執行、實施	回顧、追查
◯想企畫	◯製作資料	◯推銷	◯管理客戶資料
◯提草案	◯製作提案書	◯提案	◯客服
◯腦力激盪	◯製作企畫書	◯發表	◯管理進度
◯開會	◯制定計畫	◯接待客戶	◯管理財務
◯討論	◯制定策略	◯營運商場	◯會計、總務
		◯簽約	◯處理行政
		◯完成合約手續	◯管理人事
		◯處理單據	◯錄取員工
		◯公司內外協調	◯訓練員工
		◯審核文件	◯公司內部例行活動
		◯下決策	◯資訊系統
			◯管理風險
			◯寫報告書

圖14 工作例一覽表

準備	研究、調查
◯準備開店	◯調查市場
◯步驟	◯調查商圈
◯跑業務	◯調查競爭對手
◯招攬客戶	◯調查目標客戶
◯打電話	◯研究業界
◯約客戶談生意	◯列出清單
◯公司內部協調	◯盤點
◯公司內部開會	◯分析
◯思考	

盤點完各項工作後，請回答以下二項重要的問題：

Q1：你如何透過目前的工作內容充實自己的工作價值觀（你的工作價值觀如何反映在目前的工作內容上）？

Q2：你如何透過用心處理目前的工作內容來更加充實自己的工作價值觀

（你如何用心處理目前的工作內容，並從中發現自己的工作價值觀）？

這二項問題，可以幫你確認目前的工作內容與你的工作價值觀的契合度，甚至你會發現，那些你認為浪費時間的工作（例如擔任說明會講師、教導新進員工）也有其價值（例如可以幫助自己成長或贏得他人信賴）。工藤先生就是在反思之後，重新看待那些自己不喜歡的工作。

「我一直都認為『訪客應對』『製作提案書』『學習業界知識』是很重要的

圖 15 「工作盤點列表」

No.	目標成果	重點	細節	標準 1	標準 2	標準 3	標準 4	標準 5	標準 6
1									
2									
5									

No.	工作內容	重要度（高或低）	必須執行的行動、課題 ※針對重要度為「高」的工作
1		高・低	
2		高・低	
3		高・低	
19		高・低	
20		高・低	

工作，因為符合我最重視的工作價值觀——成長。但是第二項問題『你如何透過用心處理目前的工作內容來更加充實自己的工作價值觀？』讓我再度思考某些工作的重要性，因此更投入在『電話和電子郵件應對』『文件歸檔』。另外，我一向對於『調停業務糾紛』『管理意外狀況』敬而遠之，但其實這對客戶非常重要，為了滿足客戶，我也開始重視這些工作了。」

第一項問題對工藤先生的影響不大，不過第二項問題卻讓他印象深刻，甚至對某些原本不放在心上的工作內容改觀。

圖16 「工作盤點列表」（以工藤先生為例）

No.	工作內容	重要度（高或低）	必須執行的行動、課題 ※針對重要度為「高」的工作
1	電話和電子郵件應對	高 · 低	
2	訪客應對	高 · 低	
3	製作公司文件	高 · 低	
4	製作提案書	高 · 低	
5	完成簽約手續	高 · 低	
6	文件歸檔	高 · 低	
7	完成保險費結算手續	高 · 低	
8	管理與分析顧客資訊	高 · 低	
9	協助顧客和代理店	高 · 低	
10	管理數據	高 · 低	
19	精算經費	高 · 低	
20	指導新進員工	高 · 低	

你可以像工藤先生這樣，重新審視工作的重要性，明確知道什麼是自己真正想做的工作，並將其內容、重要度寫在列表上。

這張表單的重點在於，協助你發現習以為常的工作中也潛藏著重要的意義，改以正向、期待的心態來面對。當你可以重新發現目前的工作為自己帶來的意義，內心就能獲得「自我重視感」，同時也會知道自己必須精進哪些「勝任力」（會於第六章詳述），以上都有助於「未來履歷書」的設計。

「做自己喜歡的事」vs.「喜歡自己在做的事」

這世上有兩句話，一句是「做自己喜歡的事」，另一句是「喜歡自己在做的事」。前者是做符合自己價值觀的事情；後者則是無論是否符合自己的價值觀都樂在其中。

以工作上來說，愈是積極提升業績的人，不但愈能理解例行公事的重要性，也喜歡處理例行公事。就如本章一開頭的舉例，許多頂尖業務員願意投入在電訪、登門推銷等枯燥乏味的工作。由於他們樂於執行例行公事，反而進一步為自己爭取到更多工作和機會。

當然，有時我們也會對那些習以為常的無聊工作感到厭煩，不過可以透過「價值觀列表」和「工作盤點列表」重新認識其中也隱藏著與自己互相契合的重要價值觀。

另外，市面上有些書籍會主張「就做自己喜歡的事」，然而如果你只挑自己喜歡的事情去做，無法自我成長。更何況，這個世界本來就不可能靠著只做自己想做的事來討生活。有些人會說「我的工作就是我的興趣」「當下開心最重要」，雖然乍看之下也是「做自己喜歡做的事」，但這不代表他們的人生光只做自己想做的事。其實，**能做自己喜歡的事的人，也能喜歡自己在做的事。**

史丹佛大學的約翰．克倫伯茲（John D. Krumboltz）教授以「計畫性偶發理論」（Planned Happenstance Theory）描述人的生涯。

這個理論是，**人的職業約有八成是在偶然的情況下決定好的**，這個觀點也能解釋為何鮮少人會實現小時候立下的志向，通常會因為預期以外的機緣而影響自己的職涯或人生。

你可以觀察到，在職場上表現出色的人，不僅會積極展開行動，更珍惜偶然遇到的貴人或機運，並將偶然化為機會。有時候，他們甚至會自己積極製造機會。**工作表現出色的人懂得在目前的工作中找出意義，絕不是只挑自己喜歡、擅長的事情做而已。**

白海策略——區分「想要做的事」「有能力做的事」「必須做的事」

即使每個人的職業有八成是在無法預期的情況下決定，我們也不能隨波逐流，放任自己的生涯。在此要介紹「明日之團」所創造的新概念讓大家參考，名為「白海策略」，屬於經營管理學的一種。

我們都知道經營管理學中有所謂的「紅海策略」和「藍海策略」。前者是指處於競爭激烈的既存市場；後者則是位於幾乎沒有競爭對手的市場。白海策略有別於這二者，指的是全新的商機就沉睡在企業本身的專業知識、人才、客戶之中。換句話說，**白海策略是活用「潛在市場」與「潛在客戶」，**

發揮公司的「潛在優勢」來提升業績與獲利的手法。

這種理論也可以有效運用在個人。其實，我們並不如自己所想的那樣了解自己，大多數的人始終沒有覺察到沉睡在自身深處中的優勢，當然無法真正發揮實力。我們每個人都有一片廣大的空白地帶還沒被挖掘、善加利用，「未來履歷書」稱這個空白地帶為「白海」。

白海策略有一套基本架構——將所有行動分類為①「想要做」、②「有能力做」、③「必須做」三種。

現在的你，「想要做的事」、「有能力做的事」，以及「必須做的事」分別是什麼呢？

「想要做的事」就是所謂的理想和願望。例如：想拓展新事業、想增加實體店面數來吸引更多客戶；想考取證照、想看完一百本商業書……應該有很多吧！

相對於「想要做的事」，「有能力做的事」則是指現在的你可以辦到的事。例如：無法開拓新事業，但可以先蒐集相關資訊；無法增加實體店面數，但可以提升原有店鋪的顧客數；無法立刻考取證照，但可以有計畫地念書；無法看完一百本商業書，但可以先列出一百本書單。也就是衡量自己的狀況，再漸進式地進入可以達成目標的狀態。

再來就是「必須做的事」。這是指他人所要求的事情、必須立刻解決或改善的問題或課題。

將自己的行動分為以上三類，並排出優先順序，你就不會再花時間煩惱、猶豫了。有些人做事情沒有條理，或者沒有執行力，是因為他們不懂得用這三種分類釐清行為的優先順序，結果讓自己陷入混亂。

現在，我們立刻用這個方法幫自己分類事情的優先順序吧！

首先是「想要做的事」。請將你的任務、願景、目標分為這一類。例如：一年後、三年後、五年後的目標業績，或較長遠的生涯規畫、人生目標等。

然後是「有能力做的事」。**請挑出以你目前的承載量、可負擔的範圍內辦得到的事，以白海策略來說就是你現在的「優勢」**。

最後是「必須做的事」，亦即你現在必須解決的問題或課題，它同時可能是「有能力做的事」。

圖 17 「白海策略」

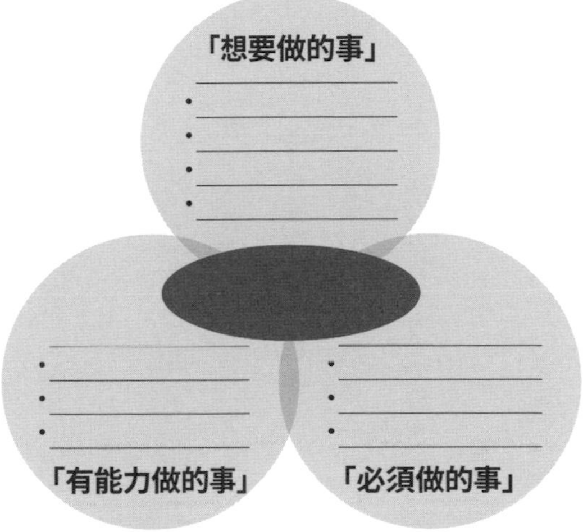

請用這三種分類方式作為白海策略的基本架構，在平時就將自己的行動做好明確的分配。分配行動時，若某一種行動剛好都可算在三種分類當中，那麼重疊之處就是對你而言最優先、最重要的事，請參閱圖17。

此外，「想要做的事」「有能力做的事」「必須做的事」三者達到一致的狀態，在行為科學中稱作「幸福的定義」。

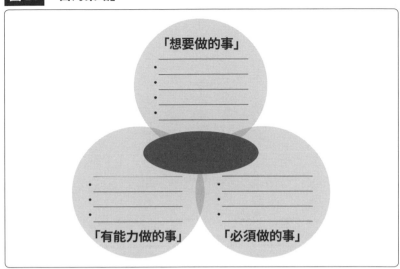

工作和生活的阻礙都來自於逃避「必須做的事」

「想要做的事」與「有能力做的事」可以讓我們處於積極進取的狀態；反觀「必須做的事」就難以讓人想馬上去行動。而且，人愈是被迫做某事，就愈是沒動力。

本書作者之一的田中道昭從事顧問工作時，會請客戶以「想要做的事」「有能力做的事」「必須做的事」三種分類，舉出目前有什麼類似的工作。大部分的人都會快速舉出「想要做的事」與「有能力做的事」，而「必須做的事」通常都是最慢才說出來。

「必須做的事」就是原本就不想面對的事，但卻有必須完成的理由而不得不為之。以行為科學來分析的話，這種狀態是一種「心理障礙」。所謂的心理障礙是人在執行某種行動時，認為無法成功、無法完成，這種想法就像是一道高牆，阻擋自己的思考和行動。

例如：你現在必須在外拉客戶、拚業績，在沒有客觀依據下，你主觀認為「這個地區不會有人想買我們公司的東西」，於是毫無動力。其實，這類想法經常會出現在我們的生活中。

又例如：由於過去的心理創傷和自卑心理，為了保持穩定的精神狀態而採取保守行為，遇到事情都想著能躲就躲；由於之前的失戀經驗，產生「反正到最後一定又會失敗」，變得無法跟人好好談戀愛。

究竟這樣的心理障礙是如何產生的呢？這是因為當事人習慣閃避對自己不利的事實，或者眼不見為淨，拒絕正視問題。然而，若這種逃避的態度一直持續下去，會因為時間拖得太久，讓問題演變成無法解決的大難題，最後造成當事人心理的龐大負擔。

正視問題、面對現實，真的非常痛苦，你當然可以選擇逃避，但這並不代表問題就會自己解決，還會隨著時間的流逝而變得更嚴重。最好的方法就是盡快解決問題，才有可能往前進。

你是不是習慣逃避「必須做的事」呢？如果有這種習慣，又要如何改掉呢？答案就是透過「心理障礙管理」，讓自己有意識地去排除心理障礙。運用心理障礙管理，可以幫助自己針對「必須做的事」迎刃而解，進而提升業績，還能為生涯規畫開拓新的可能性。下一節我們會詳述何謂心理障礙管理。

用「心理障礙管理」找回「自我控制感」，提高「自我重視感」

所謂的「幸福」，究竟是什麼？

若用行為科學的角度解釋，「自我重視感」較高的狀態就是處於「幸福」的狀態。換句話說，認為現在的自己沒有問題、「I am OK」，就是感到「幸福」的狀態。

那麼，滿足什麼條件才能提升「自我重視感」呢？答案是，**接納自己，認可自己，不再自我矇騙**。當然，你可以欺騙自己，不坦誠接受自己真實的感受，用各種理由讓自己在表面上呈現自我感覺良好的狀態，但在內心深處，其實你知道自己在說謊。

「騙得了別人，騙不了自己。」

愈是矇騙自己的真實感受，愈是難以獲得「自我重視感」。

另外，沒有發覺自我價值，過度否定自己的人也難以接受真實的自己。神奇的是，只要認識並肯定真實的自己，就能逐漸產生「自我重視感」。冷靜且客觀地看待自己，其實就是產生「自我重視感」的第一步。

此外，喪失「自我控制感」時，也會使自己離「自我重視感」愈來愈遠。所謂的自我控制，是透過自己的意志掌握自身行動的能力。一旦失去這種能力，就會感到自己失去自主權、主體性。

事實上有研究顯示，我們經常在日常工作時出現輕微的「自我控制感」喪失的狀況。例如：當天必須完成重要的企畫書，卻因為臨時異動而無法在預定時間內完成；終於可以好好做正事的時候，又必須因應突發狀況……我們經常因外界影響而不得不被牽著鼻子走，打亂自己原有的步調。

這個狀況最嚴重的問題是會妨礙我們完成「必須做的事」，然後選擇拖延。而不斷拖延、逃避，日積月累便轉化為不安與恐懼，結果導致心理疾病。所以，平時必須針對以下三大心理障礙加以管理：

1. 自我矇騙。

2. 自我否定，拒絕正視自己。

3. 喪失「自我控制感」。

這就是白海策略的自我管理重點。

首先，請明確定義「想要做的事」來管理任務，針對未來想追求的事情設定行動方針。

接著，針對「有能力做的事」進行資源管理，也就是從目前的自己發現全新的價值，這是一連串自我肯定的過程。

最後是「必須做的事」，請運用心理障礙管理，排除內心障礙，化解累積已久的問題，徹底斬斷過度的不安與恐懼。

當你完成這些步驟，就可以取回喪失已久的「自我控制感」了。以上效果不僅能在個人發揮作用，也能運用在企業上。提高「自我重視感」就是邁向幸福的第一步。

從白海策略產生強大的精神力量

執行白海策略時，要從「身邊的人」開始著手。以個人來說，最接近自己的人當然就是自己，然後是另一半、小孩、父母、兄弟姊妹、朋友、認識的人等等。

所謂身邊的人，是在不知不覺中對自己來說「理所當然」的存在。由於平時就看慣另一半、兄弟姊妹、小孩等家人，甚至會覺得他們很煩人。特別是生活、工作順利時，幾乎不會感受到他們的價值。但是，當生病、遭逢事故或不幸時，才會開始深刻感受到他們的存在與幫助是多麼的重要。這時，原本的「理所當然」不再是「理所當然」，而是「值得感謝」，也就是體驗到失去了才懂得珍惜。與其失去了再來後悔，請先了解這些身邊的人的重要。

白海策略就是透過重新審視你身邊的人事物來發掘其價值，將自己的心態從理所當然轉化為值得感謝，不管你處於多麼惡劣的絕境，感謝的心可以發揮最強的精神力量。甚至可以說白海策略也是一種「感謝管理法」吧！

＊＊＊

來到本章的最後，我們來整理一下白海策略和任務之間的關係。

讓我們再複習一次：任務是一種最本質的概念，意指使命、存在意義。白海策略的基本架構是以行為科學的觀點，將人的行動分為「想要做的事」「有能力做的事」「必須做的事」，而管理「想要做的事」就是管理任務。白海策略的思考法是透過重新審視自己與周遭的人，發覺已經遺忘的價值，這可說是找出任務的方法之一。

還記得第四章「昨日履歷書」的「參與度圖表」嗎？請試著回顧自己的人生：從小學、高中，到大學的學生時代，你對什麼感興趣、參與什麼社團活動；踏入社會後，你在什麼公司上班、做什麼工作。除了自己的事情，也可將與家人的互動、發生過的事情記錄上去。製作這張表單的過程，就是在喚起你遺忘的過去。

重新思考「參與度圖表」，你應該會發現到什麼吧？提醒大家一個重點：找出有共通性的關鍵字。例如：學生時期想到海外發展，為了實現這個夢想而增進外語能力……上述共通點就是「海外」「國外」，也是人生主題的關鍵字。所以，你可以用「海外」「國外」這樣的主題進一步思考，例如：「與外國朋友交流，吸收新的價值觀」「與海外同事一起工作，探索新的可能性」等等，像這樣，你就能找到符合自己志向和現狀的任務。

用「3 年後的未來履歷書」提升你的市場價值

——如何讓未來變得明確？

3年後の「あしたの履歴書」

VI

「職務經歷書」與3年後想做的事

現在要正式開始動手規畫「三年後的未來履歷書」了！「三年後的未來履歷書」是「未來履歷書」的第三大部分，也是主要骨幹。第三章提過「一般履歷書」和「職務經歷書」，而本章要說明這二份資料會發揮什麼重要作用。

特別是「職務經歷書」在歐美國家是非常重要的資料，因為它會反映你個人的市場價值，請注意不只是單純列出職位、工作而已，上面會詳細記錄職務相關訊息，例如：職務目的、責任、權限，以及必備的職能、技術、證照、經驗等等，企業端只要看過一遍，馬上可以理解該人選能為公司帶來什麼，等於求職者的市場價值。歐美企業進行面試時，現場考官擁有決策權，考官的重要根據之一就是求職者的「職務經歷書」。「職務經歷書」正是一份讓企業需求與應徵者能力互相媒合的重要參考資料。

此外，「職務經歷書」不只用於應徵、面試上，與往後的升遷、業績也息息相關，能成為員工訓練、技能評價、績效考核的參考依據。業績好的企業

圖 18 「一般履歷書」與「職務經歷書」

「一般履歷書」和「職務經歷書」是生涯規畫的 2 大文件

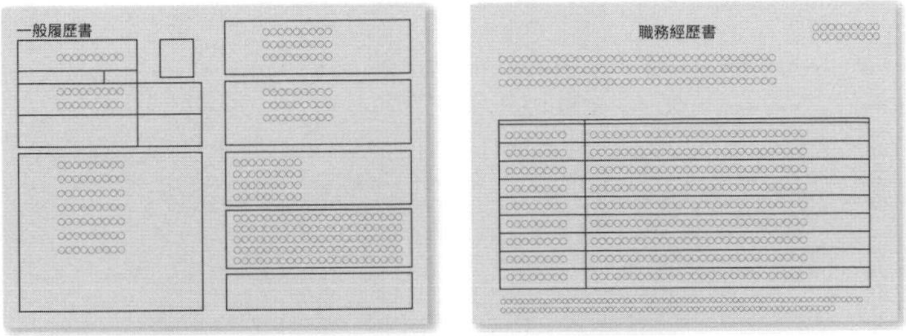

「一般履歷書」為基本資訊　　「職務經歷書」為主要文件

「職務經歷書」能展現個人的市場價值

你還覺得「一般履歷書」和「職務經歷書」
只是用來轉職嗎？

會活用「職務經歷書」來錄取、培育新人，以及提升業績。因為這份資料簡單明瞭，上面的資訊能讓公司知道如何培養員工發揮專業能力、執行何種經營方針能迅速提升業績。

「未來履歷書」其實也是參照業績優秀的企業對於人才的錄取方式，設計出「職務經歷書」，而且還有進階版的「未來職務經歷書」，而「勝任力列表」更是有助於撰寫的輔助工具。「未來職務經歷書」可以成為生涯規畫中的重要骨幹，也是幫助你重新發現職涯、工作價值的寶貴工具，甚至也能成為找出自我潛力的契機。有關「未來職務經歷書」的實作方法會於後面詳述。

那麼，該如何設定三年後的目標呢？

你可以參考第三章的「工作盤點列表」來設定，不過最後得出的三年後的目標，或許會與你目前的工作內容有很大的差異。在一般公司裡，可能因為人事異動而升遷，也可能會調到專業性較高的職位，或者轉為外包合作等形式。更何況在工作自由度變高的現代，有些人不只在公司裡服務，多少還會再接其他的副業。因此，可以設定得大膽一點，例如：三年後「想在這個部門做這些工作」「考到哪些證照」「學會某種工作技能」「參與大型商業計畫」等等。

若你覺得一下子要規畫三年後的目標太跳tone，那麼可以用「5W1H列表」設定一年後或二年後的目標，再逐步完成三年後的目標。

不管你使用哪一種工具或列表，都要盡可能將目標具體化，並且與自己的生活方式、工作價值觀互相契合。當你可以確實感受到自己逐漸朝目標前進時，心情會特別興奮，你的意識和潛意識也會同時擁有動力與成就感。

用「5W1H列表」設定3年後的目標

首先，請製作「5W1H列表」，寫下三年後的目標。

以「When」（何時做出成果）、「Where」（在哪做出成果）、「Why」（為什麼要做出成果）、「What」（想做出什麼成果）、「Whom」（想對誰展現成果）、「How」（如何展現成果）的方

圖19　「3年後的未來履歷書」列表一覽

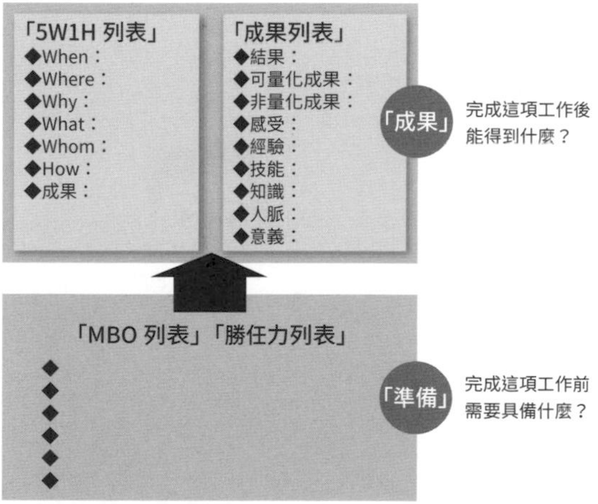
「5W1H列表」
◆When：
◆Where：
◆Why：
◆What：
◆Whom：
◆How：
◆成果：
「成果列表」
◆結果：
◆可量化成果：
◆非量化成果：
◆感受：
◆經驗：
◆技能：
◆知識：
◆人脈：
◆意義：
「成果」
完成這項工作後能得到什麼？
「MBO列表」「勝任力列表」
「準備」
完成這項工作前需要具備什麼？

平時同時思考「成果」和「準備」，就是達成目標的訣竅

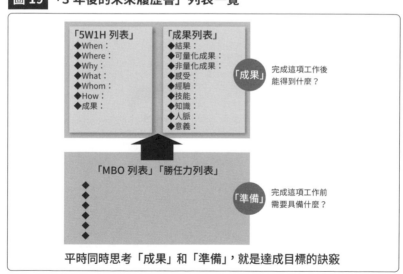

式統整目標，再透過自問自答引導出答案。你也可以用「When×成果」「Where×成果」的節奏來詢問自己。

為了讓讀者更容易理解5W1H的使用方法，以下再介紹前面章節出現過的三位學員，請參考他們的案例，製作自己的「5W1H列表」。

【案例1】居酒屋店長——土井先生

首先是土井哲人先生的案例。

土井先生現年三十五歲，目前是居酒屋店長，他對自己的未來感到相當煩惱。參加「未來履歷書」講座後，規

圖20 「5W1H列表」

◆When（何時）：
◆Where（何地）：
◆Why（為什麼）：
◆What（做什麼）：
◆Whom（對誰）：
◆How（如何執行）：
◆成果：

畫三年後的目標是成為總公司採購專員。

以下是土井先生的列表：

When：三年後。

Where：總公司食材批發部。

Why：採購更美味、安全的食材，讓客人滿意。

What：轉任於總公司食材批發部。

Whom：持續來店捧場的客人、願意繼續來店消費的客人。

How：食材於農業栽培的階段就傾注全力研究美味料理的製作方法。

成果：讓客人滿意，進而提升公司收益，同時也對社會貢獻一份心力。

【案例 2】保險公司業務——工藤先生

第二位是二十六歲的工藤太一先生。

工藤先生目前是大型保險公司業務，但煩惱著業績表現不好。他的三年後目標是向總公司申請轉調至重要部門，並且有優秀表現。

When：三年後。

Where：總公司股票運用部。

Why：在股票投資界成為頂尖的專業人士。

What：調職到總公司股票運用部，提升操盤績效。

Whom：投保的客戶、投資客。

How：考取證券分析師證照、掌握各家公司動向。

成果：成為股票投資組合經理，擁有實際戰績。

圖 21 「5W1H 列表」（以工藤先生為例）

◆When（何時）：3 年後。

◆Where（何地）：○○海上火災保險總公司股票運用部。

◆Why（為什麼）：在股票投資界中成為頂尖的專業人士。

◆What（做什麼）：調職到總公司股票運用部，提升操盤績效。

◆Whom（對誰）：投保的客戶、投資客。

◆How（如何執行）：考取證券分析師證照、掌握各家公司動向。

◆成果：成為股票投資組合經理，擁有實際戰績。

【案例3】新創公司部長——福井先生

第三位是現年三十二歲的福井裕二先生。

福井先生目前是人才服務新創公司部長，但對今後的發展感到十分迷惘。

他設定三年後的目標為鞏固目前的地位，並成為所屬公司的董事。

When：三年後。

Where：總公司。

Why：為今後的創業鋪路。

What：成為事業開發部總經理兼董事。

Whom：新客源。

How：運用公司的優勢，開發新事業並獲致成功。

成果：新事業拓展成功後成為董事，並作為今後創業的起點。

用「成果列表」將3年後的目標具象化

若要讓目標與成果更為具體，還可以製作「成果列表」。「成果列表」上會寫下更具體的結果與當下的心情、技能、意義，用條列的方式儲存在腦海中，增強印象。有研究顯示「腦中若沒有具體印象，無法達成目標」，而其中最重要的是「自我印象」。自我印象會基於平時的生活經驗，影響人生重大決定，並表現在情緒、思考、表情、言行上。而自我印象中最為重要的就是「身分認同」，例如：潛意識中「自己是什麼樣的人」，會帶來重大影響。

【案例1】居酒屋店長——土井先生

首先，參考看看土井先生的「成果列表」吧：

成果：調到總公司食材批發部，並在該部門大展身手。

可量化成果：使顧客來店數成長一成。
非量化成果：提升顧客滿意度，讓公司在業界獲得好評，並被媒體報導。
感受：快樂與幸福感提升、努力終於得到回報、可以跟朋友炫耀自己的成就。
經驗：與世界各食材批發商、生產者熟識。
技能：用最便宜的價格取得美味食材的能力。
知識：世界各種食材與烹調知識。
人脈：得以在公司內外、國內外取得便宜又美味食材的廣大人脈。
意義：讓顧客吃得開心，進而對社會

圖 22 「成果列表」

◆成果：
◆可量化成果：
◆非量化成果：
◆感受：
◆經驗：
◆技能：
◆知識：
◆人脈：
◆意義：

做出貢獻。

土井先生製作完「5W1H列表」和「成果列表」後，發表了以下感想：

「雖然我現在當到店長，對今後的方向卻更迷惘。靠『5W1H列表』設定三年後的目標之後，我開始認真處理食材相關工作，客人也很滿意我的服務，我發現自己的工作能力確實變強了。雖然目前還沒辦法調到總公司食材批發部，但我現在能確定自己三年後想完成的事，心裡覺得很踏實，也更認真投入目前的工作。每天看著客人開心享用我們用心準備的料理，我又更加確定自己三年後的目標。」

【案例2】保險公司業務——工藤先生

接下來是工藤先生的「成果列表」：

成果：調到總公司股票運用部，累積優秀的股票操盤實績。
可量化成果：擁有比股市（日經平均）還高上五%的操盤實績。
非量化成果：經手的投資信託商品獲得好評，受到公司表揚。
感受：想好好炫耀一番、解決艱難工作的成就感、活用自己能力的踏實感。
經驗：擔任投資組合經理。
技能：投資組合經理相關技能。
知識：股票投資、企業財務、企業策略等知識。
人脈：上市公司、投資客、證券分析師等。

圖23 「成果列表」（以工藤先生為例）

◆成果：調到總公司的股票運用部，累積優秀的股票操盤實績。

◆可量化成果：擁有比股市（日經平均）還高上5%的操盤實績。

◆非量化成果：經手的投資信託商品獲得好評，受到公司表揚。

◆感受：想好好炫耀一番、解決艱難工作的成就感、活用自己能力的踏實感。

◆經驗：擔任投資組合經理。

◆技能：投資組合經理相關技能。

◆知識：股票投資、企業財務、企業策略等知識。

◆人脈：上市企業、投資家、證券分析師等。

◆意義：靠著投資組合經理的經驗成為企業財務專家。

意義：靠著投資組合經理的經驗成為企業財務專家。

工藤先生原本設定好自己要在三年後成為投資組合經理，不過在製作「成果列表」時出現了其他的規畫：

「本來我想在三年後成為公司內部的投資組合經理，但製作了『成果列表』後，我發現自己比較想成為企業財務專家，因為我想從幫助客戶中獲得成就感，也許擁有投資組合經理的經驗，就是在為今後成為企業財務專家鋪路吧？」

【案例3】新創公司部長——福井先生

接著來看看福井先生的「成果列表」：

成果：成功開拓新事業，成為事業開發部總經理兼董事。

可量化成果：創造營業額二億日圓、收益四千萬日圓。

非量化成果：本業與新事業（婚宴事業）成功發展，提高個人創造力，也提升公司整體收益。

感受：成就感、知道自己在公司有所貢獻、想要讓事業更上一層樓。

經驗：擔任總負責人，取得成功。

技能：新事業開發能力、領導力、團隊合作。

知識：新事業相關知識。

人脈：公司內外，尤其是公司外部的專業人士。

意義：成功開拓大事業，在公司有所發展，進而往下個階段——創業之路邁進。

福井先生做好了創業規畫，透過「5W1H列表」和「成果列表」互相搭配，想法也變得更踏實：

「我思考了很多，若三年後的目標僅止於離開公司，只是半途而廢。仔細

想想，如果目前的工作能站穩腳步，幫公司的新事業上軌道，就等於為自己累積創業經驗。所以我的規畫是先讓所屬公司的新事業發展成功，三年後任職事業開發部總經理，在這個職位上大展身手，一方面是回報公司對我的信任，一方面也是以此為基礎，增強往創業之路邁進的動力。透過這一連串的實作，我更清楚自己的未來目標。」

他們三位各自發表了「成果列表」，對於三年後的發展，可以更具體而詳細地描繪實現的過程。或許現在的他們已經不再擔心、畏懼，能用期待、正向的心態朝目標大步邁進了。

3年後的「未來職務經歷書」搭配「即興」學習法

有了前面二種列表後，就可以開始製作進階版——三年後的「未來職務經歷書」了。

以下以工藤先生的例子作為參考。

「職務經歷書」的書寫方式分為松竹梅三種等級。一般的「職務經歷書」屬於「梅」的等級，只記錄所屬公司與單位，例如：「〇〇海上火災保險總公司股票運用部」。

而「竹」的內容會再詳細一點，除了記錄公司和部門之外，還加上所屬職位與業務範圍，例如：「〇〇海上火災保險總公司股票運用部投資組合經理，負責股票運用相關業務」。

至於「松」則是本書要告訴大家的「未來職務經歷書」，例如以下的例子，記錄負責的業務、具備的技能，以及過去的實績：

- **〇〇海上火災保險總公司股票運用部投資組合經理，負責股票運用相關業務。**
- **擁有與企業經營者面談、訪問公司的經驗；專門分析企業的事業架構、收益架構；擅長技術分析，可向投資人發表簡報。**
- **股票操盤紀錄比二〇一七年前期的股市行情（日經平均）高上五%；公司內部股票投資MVP大獎的最年輕得主。**

條列式寫出「未來職務經歷書」後，接著可以加入更具體的內容，完成一篇完整的文章（請參閱圖25）。以下例子也從「梅」的等級開始介紹。

「梅」的情況，只寫出「向投資人發表簡報」這樣的結論。

「竹」會加上技能的敘述：「向投資人發表簡報，自學簡報力與溝通力」。

「松」則屬於「未來職務經歷書」：

「向投資人發表簡報，自學簡報力與溝通力。運用這些技能，進一步協助英國最大投資機構引導其投資方向，並成為投資信託商品負責人。」

圖 24 「未來職務經歷書」（條列式版）

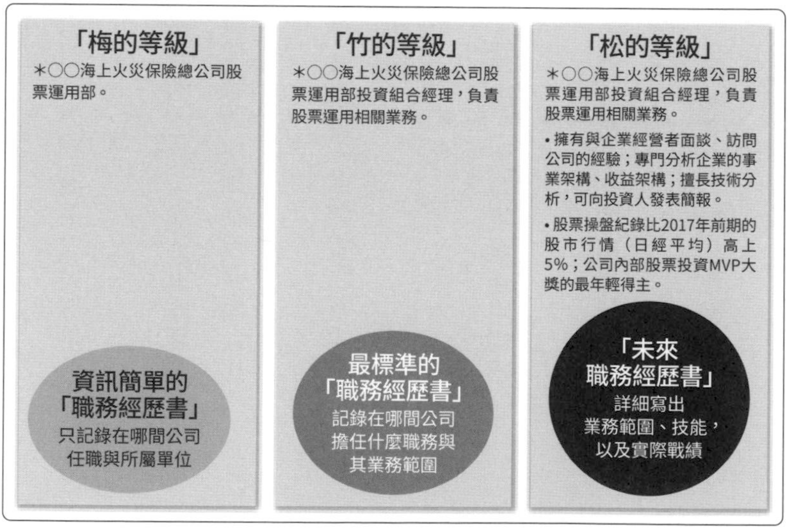

「梅的等級」
＊○○海上火災保險總公司股票運用部。
資訊簡單的「職務經歷書」
只記錄在哪間公司任職與所屬單位
「竹的等級」
＊○○海上火災保險總公司股票運用部投資組合經理，負責股票運用相關業務。
最標準的「職務經歷書」
記錄在哪間公司擔任什麼職務與其業務範圍
「松的等級」
＊○○海上火災保險總公司股票運用部投資組合經理，負責股票運用相關業務。
•擁有與企業經營者面談、訪問公司的經驗；專門分析企業的事業架構、收益架構；擅長技術分析，可向投資人發表簡報。
•股票操盤紀錄比2017年前期的股市行情（日經平均）高上5%；公司內部股票投資MVP大獎的最年輕得主。
「未來職務經歷書」
詳細寫出業務範圍、技能，以及實際戰績

「未來職務經歷書」的特色就如上述，寫下具體行動和達成方式，簡單明瞭地設定目標，督促自己徹底執行。

「未來職務經歷書」的書寫重點是具體，千萬不可用曖昧的用語。這一點在後面小節的「勝任力列表」中將會有詳細的解釋，不過還是先介紹一下「禁用詞彙」。

例如：「努力」「加油」「徹底」「目標是〇〇〇」這類用法，反而難以引導你寫下成果；可改用「做〇〇〇」來強調具體行動。而「盡力」「盡可能」「積極」也是「禁用詞彙」。在下一節關於「勝任力列表」的說明中，

圖 25 「未來職務經歷書」（詳述版）

「梅的等級」	「竹的等級」	「松的等級」
＊〇〇海上火災保險總公司股票運用部投資組合經理，負責股票運用相關業務。	＊〇〇海上火災保險總公司股票運用部投資組合經理，負責股票運用相關業務。	＊〇〇海上火災保險總公司股票運用部投資組合經理，負責股票運用相關業務。
• 擁有與企業經營者面談、訪問公司的經驗；專門分析企業的事業架構、收益架構；擅長技術分析，可向投資人發表簡報。	• 擁有與企業經營者面談、訪問公司的經驗；專門分析企業的事業架構、收益架構；擅長技術分析，可向投資人發表簡報。	• 擁有與企業經營者面談、訪問公司的經驗；專門分析企業的事業架構、收益架構；擅長技術分析，可向投資人發表簡報。
• 向投資人發表簡報。	• 向投資人發表簡報，自學簡報力與溝通力。	• 向投資人發表簡報，自學簡報力與溝通力。運用這些技能，進一步協助英國最大投資機構引導其投資方向，並成為投資信託商品負責人。
資訊簡單的「職務經歷書」只寫出「結論」	最標準的「職務經歷書」加上「技能」	「未來職務經歷書」詳述「具體行動」和「達成方式」

會有詳細的「禁用詞彙」供讀者參考。

完成「未來職務經歷書」後，可以試著用「即興」的方式閱讀看看。第二章曾提過「即興」這種主動學習法，可以協助我們用即興的肢體動作培養創造力。請一邊想像場景，一邊設定目標。

以下是工藤先生的例子：

「向投資人發表簡報，自學簡報力與溝通力。運用這些技能，進一步協助英國最大投資機構引導其投資方向，並成為投資信託商品負責人。」

詢問工藤先生為何想像出這樣的場景時，他回答：

「我想像自己在倫敦某個投資機構的會議室裡。與會者有我、倫敦分行負責人，加上五位相關人士。我在會議室向他們發表簡報，討論內容。」

接著帶入情緒，重讀一遍上述場景。這時，工藤先生的想像又出現變化：

「我傾注熱忱，向對方說明投資信託商品的內容，接著分析商品的優點與投資後的好處。」

工藤先生開始搭配手勢，敘述自己在三年後的表現：

「帶著感情閱讀自己的文章時，我的手自然開始做出動作，而且我愈是深入想像自己邊擺出手勢邊和客戶談生意，我就愈是舉起自己的雙手預演，表現出自己推銷的金融商品有很大發展潛力。簡報結束後，對方成員全都拍手贊同，其中一人甚至站起來想跟我握手。」

一旦傾注情感，加以想像，工藤先生的腦中便浮現出三年後的自己正在比著手勢進行簡報的模樣。

為何工藤先生的「未來職務經歷書」層次會往上升級呢？因為可以將文字所無法表達的想法從潛意識中解放出來，提升到意識的層次，這麼一來，潛意識就會展開行動。像工藤先生一樣，許多人透過這種即興學習法讓原本的目標更加進化。

工藤先生還說：

「我第一次用這種方法，自己都有點不好意思。一旦捨棄丟臉的念頭，豁出去開始想像，腦中就會不斷湧現各種場景。雖然先前已經用文字寫出未來發展，但就連我本身難免都會用旁觀者的角度檢視自己的目標。不過經過即興與表演後，我更確定三年後的未來要如何行動。我甚至覺得以即興的方式進行想像，能幫助我解除羞於自我表現的枷鎖。」

「MBO列表」與「勝任力列表」搭配「勝任力8大群組」

已經具體設定好三年後的目標，剩下就是執行了。畢竟光是設好目標，執行上卻三分鐘熱度也沒有任何意義。想要確實達成目標，需要的就是相應的行動模式。就像下定決心減肥，每天吃飯都要維持固定熱量的飲食才可以達到目標。

這個小節要說明「MBO列表」與「勝任力列表」的重要性。

MBO（Management By Objectives）可以在目標管理上明確地用數據設定三年後的成果。例如：土井先生設定出「顧客來店數增加一成」，此外還有「收益達成率一一〇%」「美食評論網站評價三．五分」等大家都看得懂的數據。

而且不能只寫下單純的數據，還可以進行更詳細的設定，例如：「顧客來店數不將特價等優惠活動算在內」等，將條件範圍定義清楚。

所謂的勝任力就是「工作能力強的人的行動特質」，也可以稱為行動目標、行動改善目標、程序目標。換句話說，勝任力代表執行這種行動模式即可得到工作成果。

將「勝任力列表」運用在實現三年後的目標，其實並不容易，不過「明日之團」擁有豐富的經驗與知識，本書會詳細教導讀者相關訣竅。

前文提到「明日之團」專門協助新創公司、中小企業架構人事考核制度，而其中有一套「八群七十五項的勝任力模組」，專門用於管理目標。設計這套管理模組的人是望月禎彥先生，他也是本書作者之一的高橋恭介在Primo Japan時期於某間人事政策研究所認識的朋友。

接著會以個別的主題分類為A群到H群，請依照你所需要的勝任力選擇：

A群：自我成熟度

B群：行動、決策

C群：對人或客戶的業務活動

D群：團隊合作

E群：業務執行

F群：策略、思考

G群：資訊

H群：領導力

A群「自我成熟度」和B群「行動、決策」為核心勝任力，是不分職種，任何工作者都通用的勝任力。換句話說，只要是商務人士就必須擁有的技能。

C群「對人或客戶的業務活動」、E群「業務執行」、F群「策略、思考」、G群「資訊」為專業勝任力，對應的是業務、部門管理、企畫等工作。例如：招攬客戶型的公司為C群、律師事務所或會計事務所為E群、創造型工作或顧問公司屬於F群、電腦系統研發公司為G群。

D群「團隊合作」與H群「領導力」通稱為管理型勝任力，是管理能力和領導力所必備的要素。

引進「明日之團」的人事考核制度的企業經營者，會用以上群組分類公司員工、職種、職位，並在預設的七十五項勝任力中，選出七到九項較重要的項目，再依優先順序排列。

這種方法也可以運用在個人，使用方式大致相同。根據「未來職務經歷書」中所設定的目標，選出就所屬公司的業種、自己的職種而言必須擁有何種勝任力，同時也符合自己的工作價值觀。

接著參考圖26，依照選擇的勝任力「項目」與「名稱」寫下日常行動的「目標設定項目」，而且建議愈具體愈好，才能讓自己盡快適應行動的步調。千萬不要單純地一一列出，而是用一百字以內的短文敘述，並以現實中可靠努力就辦得到、他人易於評價的內容為主。

絕對禁止用表達心情、情緒的形容詞，也就是前文說的「禁用詞彙」。請參閱圖27，像是「努力」「加油」等理所當然的行動前提不可用來表示目標。「支援」「協助」「調整」這類沒有

圖26 「MBO 列表」與「勝任力列表」

MBO（想要得到什麼成果？）

項目	名稱	目標設定項目	重點	等級1	等級2	等級3	等級4（達成）	等級5	等級6

勝任力（想要實現成果，該如何行動？）

項目	名稱	目標設定項目

強調自主性的詞彙，顯露出依賴他人的心態。至於「盡力」「盡可能」則會阻礙自己達成目標。畢竟我們都不希望自己想要達到成果，卻缺乏實際又明確的標準。「積極」「迅速」這類心情、精神論的表現也會使標準變得曖昧，而且妨礙評價事實。「等等」這種詞也不能使用，因為會讓目標範圍變得不明確。

你會發現，身邊許多文章經常使用這些「禁用詞彙」，而使責任歸屬變得曖昧。若要認真看待自己的目標，絕對禁止使用這些詞彙。

目標評價主要分為以下四階段：

等級一：完全無法辦到。

等級二：可按照內容執行，但無法養成習慣。

等級三：可達成。

等級四：可按照內容執行，而且有餘力重新評估目標。

圖27 「禁用詞彙」

禁用詞彙	說明
・努力　・盡全力 ・致力於　・加油 ・達標	「努力」「達標」等用語是應有的態度，不能用在目標設定上。
・支援　・忠告 ・協助　・調整	避免依賴他人來達成目標。
・盡力　・盡可能 ・力所能及　・盡量 ・有必要的話	凡事「盡力」「盡可能」的心態，會讓自己無法認真對待目標。必須清楚意識到「該做到什麼程度」「什麼狀態才算完成」，專注在「成果」上。
・積極　・迅速 ・臨機應變	精神論的詞彙會讓標準變得不明確，也難以做客觀評價。
・效率化　・檢討 ・明確化　・斟酌 ・強化　・考慮 ・共享化	「○○化」可用在具體的內容，但若沒有原由地使用，難以作為達成標準。若使用「○○化」還不足以表達如何達成目標，就該思考其他文字表達方式。
・等等	避免使目標範圍變得不明確。

不建議出現「普通」這種中間值的選項。

看到目標就立刻行動

來舉幾個具體的例子。

例如：屬於A群「自我成熟度」的「商業禮儀」。若要改善對客戶的電話禮儀，禁止用「盡量馬上接聽電話」這樣的敘述。較好的敘述方式可參考下列例子：

「在視線範圍內貼上『馬上接聽電話』的便利貼，以提醒自己養成習慣，並且每月一次主動告訴自己必須做到這個習慣。」

「設定每天接聽電話的次數，若無法達成，必須寫下理由。」

「來電時立刻接聽，有空檔時至少主動撥打一通業務相關的電話。」

請依照這種具體的敘述來設定你的目標。

【案例】居酒屋店長——土井先生

來看看土井先生的「勝任力列表」吧！

土井先生的項目為以下六種，並依重要程度排好優先順序。

A群　貫徹始終

C群　業務力

A群　細心、謹慎

E群　專業知識和新技術

H群　指導下屬、培育新人

B群　自我成長

以上有三項核心勝任力、二項專業勝任力、一項管理型勝任力，分配得十分平均。

土井先生的「勝任力列表」中，對C群「業務力」的敘述是「顧客光臨店面時主動交換名片，並在三天內送禮問候」，內容非常簡單明瞭。H群的「指導下屬、培育新人」也十分易懂，內容為「每週一用二小時進行員工培訓或開會討論工作，以培養下一任店長接班人」。

光是看了土井先生的「勝任力列表」，簡直能立刻想像他為了實現目標而認真工作的模樣，任誰都期待他日後的發展。

現在，你應該對於設計「三年後的未來履歷書」躍躍欲試了吧？是不是覺得自己的行動目標變明確了呢？若能具體設想三年後的發展，並讓現在的自己打起精神從事目前的工作，就代表這份「未來履歷書」大功告成！

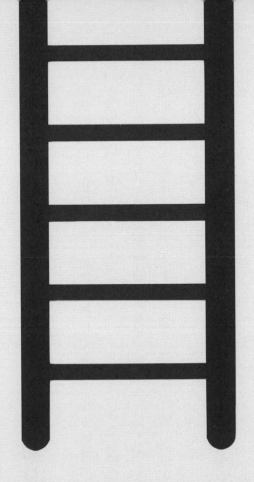

用「未來 PDCA」進化行動目標

——加速 PDCA 運轉，優化「勝任力」

目標も進化する「あしたのＰＤＣＡ」

VII

PDCA為什麼沒用？——一般人只會做到P和D

設定好目標，也完成上一章的「勝任力列表」後，最重要的就是確實執行。當然，除了意志力之外，還需要以「PDCA」確立策略性的執行方針。所謂的「PDCA」（循環式品質管理）是用來改善工作品質，並且達成目標的工具，P是「計畫」（Plan）、D是「行動」（Do）、C是「評估」（Check）、A是「改善」（Act），這四階段形成循環，持續運轉，就可以一邊控管進度，進而達成目的。本書也會介紹一部分PDCA的使用方法。

舉一個簡單的例子。例如：目標是「每週慢跑三次，每次三十分鐘」，計畫「週一、週三、週五的早上六點慢跑」，接著開始執行，並在一個月後對慢跑紀錄進行檢視。若發現原本應該要慢跑十二次，卻只達成九次，就要以補足三次的「落差」為前提，重新審視無法落實執行的原因，並立刻針對計畫改善策略，例如：改為「週二、週四、週六的早上六點慢跑」。這就是利用PDCA循環，持續保持行動、評估、改善的步驟。

圖 28　PDCA 循環

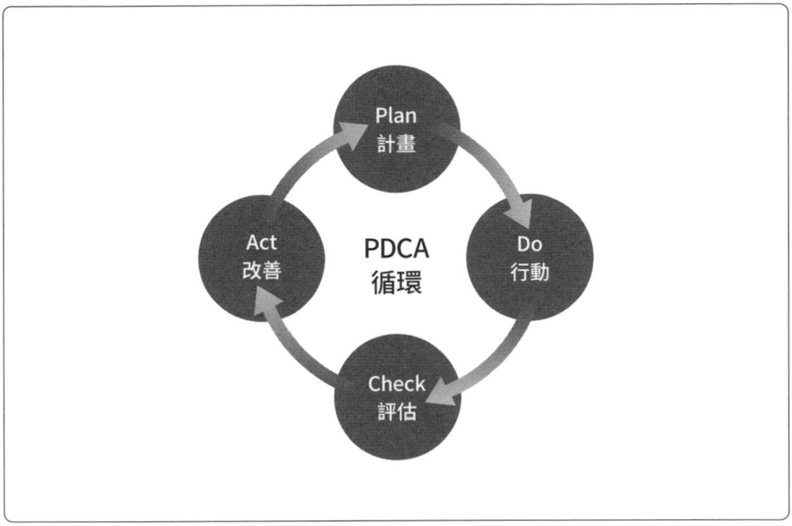

人很容易忘記應該完成的事情，所以想要達到目標，就要養成良好的執行習慣。像瘦身和個人健身指導也是運用ＰＤＣＡ的概念，掌握自己每天的行動。

雖然大家都認同ＰＤＣＡ對達成目標很有幫助，但為何無論是公司或是個人仍舊無法落實目標呢？因為許多人只能做到「從Ｐ（計畫）到Ｄ（行動）」的步驟，僅止於Ｄ（行動）的階段就停擺了，而無法確實進到Ｃ

（評估）的階段。尤其許多人根本不知道在C階段究竟該評估、檢視什麼，於是無法形成PDCA的循環。其實，**PDCA最重要的是檢視「P」（計畫）與「D」（行動）之間的落差，而關鍵就在於「C」（評估）的階段。**簡單來說，假設你設定的目標為一百分，最後卻只得到八十分的成果，就必須評估為何少了二十分。

以公司作為例子。若目標業績少了二〇%，就要調查哪個營業單位出了問題，或者哪些地區的營業據點沒有經營好，甚至檢討季節、早上晚上、平日假日的狀況……從各種會發生落差的要素中找出確切的原因，這就是維持PDCA持續運轉的關鍵。

若以個人作為例子，可以將工藤先生的狀況套入PDCA模組。工藤先生擔任保險業務期間，設定一個月內達成一億日圓營業額的目標，最後卻發現距離目標數字仍不足二千萬日圓。

首先分析工藤先生的現狀。工藤先生負責的地區中業績下滑的是B區，而該區中某一業種的客戶不買單，於是得知這種保險商品並不適合在該區推廣。

接著調查滯銷原因。若客戶的業種為業績不振的零售店，那麼究竟是受到景氣低迷的影響，又或是因為負責區域的代理店人手不足。經過調查後發現，原來原因出在代理店業績優秀的員工離職，因此針對這點進行「A」（改善），這麼一來，就等於完成一次PDCA循環。今後也依照這種方式持續檢討。

即使目標並非數字，也能用PDCA進行管理。

例如：目標是為了考取證券分析師證照而K書。考題有三個科目，雖然依照計畫念書，卻只看完二個科目。為了了解為何有一個科目沒看完，要開始進行分析。結果發現，在準備該科目時，通常會在通勤的電車上閱讀課本，但在電車內不方便寫練習題，反而讓自己花更多時間補足寫練習題。

這麼一來，我們就知道如何安排準備各科考試的時間。例如通勤時就專心念書，回到家再開始寫練習題。像這樣，才算落實整套PDCA。

PDCA進化版——「未來PDCA」

「未來履歷書」講座中，為了讓學員達成「MBO列表」與「勝任力列表」上設定的目標，會利用雲端服務與PDCA協助大家確實達標。

首先，針對大部分的人最不容易達成目標的主因——「進度管理」提供相關協助，例如：設定目標的前一週，用電子郵件提醒學員大小事，包括如何寫下生疏的目標、回顧時的重點為何，並在雲端上協助修改內容。接著，針對目標進行自我評價時，也會請職涯諮商專家個別給予學員建議。

如前所述，「明日之團」成立以來，為一千間企業、十萬多名工作者，針對一千萬種目標協助設定、控管、執行的方法。其中的專業知識與技巧，也是針對個人進修的「未來履歷書」講座中的課程內容，像第六章「勝任力列表」與「禁用詞彙」都是教學項目之一。

至今，大部分企業所使用的人事考核制度在資料整合上耗費許多時間，也有許多曖昧的灰色地帶，因此形同虛設。「明日之團」的「勝任力雲端服務」搭載獨創的AI雲端系統，可以幫助企業重新架構、導入、落實人事考核制度，而且內容鉅細靡遺，甚至到了有點「雞婆」的程度，總而言之就是提供全方位的服務。

而且，針對人事考核列表的整合、不靠人力而改以Excel的人事管理、即時的進度統計與結果調查、個人評價列表管理等各項作業，「明日之團」都能以條列式做到可視化的程度。每位員工不僅每個月都可以進行自我評價，也能確實看到考核結果與成果回饋，因而欣然接受這套人事考核制度，進而提升工作動力。雖然也會加進主管評語作為參考，不過光是讓員工進行自我評價已經十分有效。

回到本章的重點——ＰＤＣＡ。

我們都知道設定好目標後，要再搭配ＰＤＣＡ管理，而在「未來履歷書」中，還可以將ＰＤＣＡ升級，也就是本章要介紹的「未來ＰＤＣＡ」。「未來ＰＤＣＡ」以每三個月進行一次管理，在接下來的小節，會直接以案例教讀者如何運用「未來ＰＤＣＡ」將「勝任力列表」中設定的行動目標更加進化。

「勝任力列表」搭配「未來PDCA」

通常，每個人剛開始寫「勝任力列表」的行動目標時都會寫得很抽象，不斷思考後才能漸漸寫出具體的內容。以下要舉幾個例子，介紹「明日之團」的學員使用「未來ＰＤＣＡ」後，每三個月分別產生什麼變化。

【案例1】C群「簡報力」

第一期：觀察會議中廠商的簡報，運用在自己的業務中。

第二期：從與客戶的對話、交涉中提升說服力；學習其他業種的知識、業務力；從書籍、網路吸收各項知識。從中彙整重點，做筆記，建立自己專屬的資料庫，並運用在日常業務中。

第三期：記錄廠商在會議中的簡報訣竅，思考聲量、視線、資料、應特別

注意的重點。實踐筆記重點，開發新業務時才能明確、有自信地解說且推銷商品。另外，熟讀商品資訊、價格，了解其特色與賣點，並與其他競品做比較，讓自己達到能回答任何問題的程度。時時熟讀公司發展歷史、員工人數、經營年數、現存商品種類、客戶數量等等。研讀提升簡報力的書籍或參加簡報力課程，從高手身上學習最有效的方法。

從第一期看下來，可以發現第三期出現很大的變化。從最初目標「觀察會議中的簡報」，轉變為「記錄會議中的簡報訣竅，思考聲量、視線、資料、應特別注意的重點」等更具體的內容，在開發新業務的準備階段也變得更加明確。

【案例2】D群「團隊合作」

第一期：觀察周遭人的行動、工作方式，聽取其意見，應用在自己的業務

當中。

第二期：如緊急發生商品有誤的狀況，先由販售員承擔責任。發生客訴時，先與販售員溝通，並參考分店店長的意見，再向客戶道歉。在業務上，適切地完成廠商估價、電話應對、客訴處理。定期留意文件歸檔與商品型錄整理，才能隨時拿出來使用。

第三期：與客戶溝通時，必須意識到自己是公司的代表，從言語中表達誠意，並迅速做出應對，隨時留意不能讓客戶久等。如緊急發生商品有誤的狀況，先由販售員負責處理客訴；自己則致上最真誠的歉意，以維持買賣關係。

在這個案例中，一開始僅止於「觀察周遭人的行動、工作方式」，之後漸漸出現更具體的目標，到了第三期轉變為鎖定客戶應對的目標。如此一來，無論誰都能對這樣的工作模式做出評價，也更有助於團隊達標。

【案例3】G群「表達力」

第一期：在會議上報告跑業務或訪問客戶時的談話內容。

第二期：製作一個月的行程表，標記預定訪問的時間。若無法訪問新開的營業據點，就安排在下個月進行訪問。攜帶估價單影本與客戶談生意。熟讀估價單的補充要點，向客戶提出。

第三期：向客戶提出估價單後，後續必須追查進度。談生意時一定攜帶估價單。出差結束準備回家前，確認所有估價單，並熟記對熟客的應答。在公務車上放置商品樣本，洽談生意時可將商品樣本一起宣傳。向上司學習推銷的手腕。

這個案例中，第一期的目標只是在會議上單純報告與客戶的往來，但在第三期已經轉變為將估價單視為跑業務的關鍵，變得能具體掌握估價單的運用方式，與客戶談生意。這項勝任力，也就是表達力出現大幅度的改善，從公司內部溝通，擴展到公司外部與客戶之間的溝通。

【案例4】B群「行動力」

第一期：發現有困難的人時，主動幫忙、給予意見。

第二期：協助出貨、入庫、上架、環境整頓等倉庫管理的工作。製作新商品的型錄、估價單。建立與新廠商之間的商業往來。

第三期：訪問熟客時，確認商品庫存量、貨架整理、商品型錄更新。隨時在腦中熟記下單和估價相關文件的準備、估價金額、商品型錄的整理與更新等工作。維持工作環境的整潔，保持客人隨時都能來訪的狀態。遇到客訴時，先詢問上司或顧問應對方式，學習提出能讓客人滿意的解決方案。

在這個案例中，最初只是想幫助有困難的人，不過到了第二期就具體運用在倉庫管理與估價單製作等工作上。到了第三期，則加上庫存確認與貨架整理，以及針對估價單的細項，甚至加以運用到辦公環境維護上。

用「未來ＰＤＣＡ」定點觀測自我成長

除了進化「勝任力列表」上設定的目標之外，「未來ＰＤＣＡ」對於工作者的自我成長與企業的新人培訓也能發揮很大的效果。

松岡大輝（化名）先生任職於某企業的企畫團隊，負責徵才廣告的業務，目前在公司已經邁入第四個年頭。

他剛進公司時，寫下許多基本的行動目標，例如：「一早要有精神地打招呼」「時間約好就不能遲到」「跟前輩密切溝通」等等。達成基本的行動目標後，他想挑戰難度較高的目標，運用在跑業務上。這時，剛好是每三個月的「期中面談」。然而在面談裡，上司給的意見多半不太具體，例如：「今天做到這個了，很好！」「這個部分還要再加強！」松岡先生想更精進自己的業務力。

那麼，松岡先生的主要工作是什麼呢？其實非常繁瑣：

「和客人接觸的方法有電話、面訪等等。以我們公司來說，每個人都會分配好自己所負責的地區，每次跑業務直接從登門拜訪開始。通常我們會到辦公大樓裡搭電梯到最頂樓，挨家挨戶敲門問道：『我是○○，請問有人資專員嗎？』『請問社長在嗎？』交換名片後問道：『貴公司有徵才需求嗎？』然後一層樓一層樓地拜訪，將該大樓所有公司都拜訪過一遍，再立刻前往隔壁的大樓……大概是這樣吧？」

松岡先生也說，即使挨家挨戶地跑業務，但實際上能遇到「敝社正好有徵才需求」的公司卻少之又少，能成功招攬到客戶的機率非常低。

「這樣一整天下來，拜訪了大約二百間公司，但很多時候連一筆生意都沒有談成。不過，同樣的公司拜訪了二、三次後，我會開始跟對方的負責人閒

話家常，例如：『你的領帶好有品味喔！』對方也會對我說：『你長得好像我的外甥子啊！』於是漸漸變成朋友。有時我還會幫對方帶『伴手禮』——該公司業界相關的報導。」

松岡先生用傳統且扎實的功力持續拜訪，漸漸與對方窗口建立友好關係，還懂得將業界資訊當作「伴手禮」來加深彼此的交情，這點真是高招！想必松岡先生一定狂K該產業的知識和動向吧！

「我雖然很拚，但還有很大的進步空間。現在我負責七十間公司。許多公司不只限於當下的徵才，還會針對如何長期確保人才不外流而接受我們的諮詢服務；也有公司不限於某部門，而是整個公司規模的徵才委託。我設定好目標業績和完成期限後，向客戶提案一年內錄取幾人、每月錄取幾人，再聽取客戶的需求，進行修正。」

後來，松岡先生製作「勝任力列表」，將必備的勝任力設定為以下四項：

1. 誠實
2. 貫徹始終
3. 陌生開發的能力
4. 維持長期客戶的能力

針對以上四個項目各以「等級一」到「等級四」排出優先順序，寫下具體的實踐內容。以下舉其中一個項目「陌生開發的能力」來說明：

等級一：仔細回應客戶對目前商品提出的問題。
等級二：從客戶得到目前商品以外的資訊，與上司討論如何應對。
等級三：從客戶得到目前商品以外的資訊，靠自己的能力應對。
等級四：全面掌握自家公司和其他公司的商品資訊，進而向客戶提案，解釋為何自家公司的主打商品符合客戶需求。

松岡先生表示：

「每項等級的內容都非常具體，有助於自我評價、客觀思考，看清楚自己沒發覺的地方。能確實看到自己的改變，我覺得很開心。」

你也可以像松岡先生一樣，製作「勝任力列表」，並運用「未來ＰＤＣＡ」定點觀察自己的成長。

「我想就是因為『勝任力列表』能反映出成長過程，我發現自己的目標已經和剛進公司時完全不同。原本的我光連目前自己一人的工作量都負荷不了，現在卻轉為開始思考：『我能教後輩什麼？』」

松岡先生說到，與菜鳥時期相比，現在的自己之所以能有大幅的成長，「勝任力列表」搭配「未來ＰＤＣＡ」可謂功不可沒。

用「週次PDCA」管理短中長期目標的進度

本章的最後，要解說圖29的「週次PDCA」。

「週次PDCA」適用於利用「未來履歷書」設定好目標的人，可用週次的頻率進一步讓PDCA循環維持運轉，有效檢視短期、中期、長期的目標達成進度。

首先，請看圖29。請在右上方填寫以十年為單位的長期目標；在左上的位

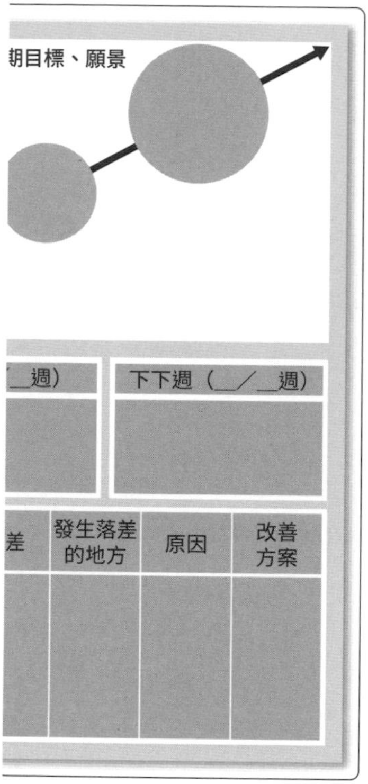

圖 29 「週次 PDCA」

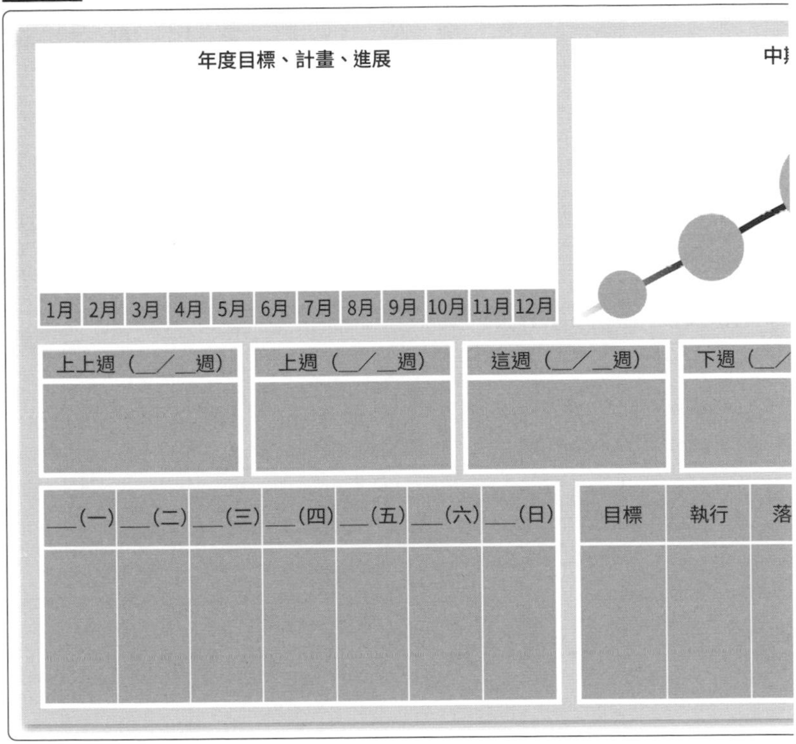
年度目標、計畫、進展
中
1月
2月
3月
4月
5月
6月
7月
8月
9月
10月
11月
12月
上上週（__／__週）
上週（__／__週）
這週（__／__週）
下週（__／
___(一)
___(二)
___(三)
___(四)
___(五)
___(六)
___(日)
目標
執行
落

2 VII 用「未來 PDCA」進化行動目標
3 ——加速 PDCA 運轉，優化「勝任力」
5 目標も進化する「あしたのＰＤＣＡ」

置填寫每月目標和結果；中間位置則填寫從上上週到下下週（一共五週）的目標和結果；左下方填寫該週的每日行程；再來，右下方則是「週次ＰＤＣＡ」的五大檢查項目。

藉由這張表單，ＰＤＣＡ能同時串聯年次、月次、週次的目標和成果，如此一來，可以不時地檢視大型目標，確實掌控進度，並將心思集中於每週必須完成的事項。

而這張表的右下方，是ＰＤＣＡ循環中最重要的階段——「Ｃ」（評估）。以下舉工藤先生的例子，看看他如何利用「週次ＰＤＣＡ」落實目前的業務工作：

目標：一億日圓
執行：八千萬日圓
落差：二千萬日圓
發生落差的地方：B地區

原因：代理店的優秀員工離職
改善方案：重新提升代理店的業績

接著是工藤先生的個人目標——考取證券分析師證照：

目標：看完三章
執行：看完第二章
落差：沒有看完第三章
發生落差的地方：第三章的計算題多，無法算完
原因：在電車上寫計算題，耗費大量時間
改善方案：在電車上好好閱讀課本；回到家後再專心算計算題

從工藤先生的例子可以看到，透過檢視「週次ＰＤＣＡ」，再根據發生問題的部分和原因，對自己的行動進行「Ｃ」（評估），進而達到「Ａ」（改善），落實整套ＰＤＣＡ循環。

用「沙盤推演般的想像」持續進化目標

本書作者之一的高橋恭介在每日行動（例行公事）中最重視的是「沙盤推演般的想像」。

舉例來說：假設下週必須進行簡報，他會開始想像當天的穿著，甚至是每一頁簡報的背景色；他也會看著行程表上的開會日期，想像開完會後的會議紀錄內容。換句話說，高橋用的是「即興」學習法——運用肢體，投入情感來思考自己的行動。

「未來履歷書」也運用這種概念。例如：「未來職務經歷書」和「勝任力列表」中的目標就是透過「沙盤推演般的想像」來讓身體記憶。請回憶一下工藤先生在第六章以即興的方式預想自己的「未來職務經歷書」後所設定的目標：

「向投資人發表簡報，自學簡報力與溝通力。運用這些技能，進一步協助

英國最大投資機構引導其投資方向，並成為投資信託商品負責人。」

後來，工藤先生還補充：

「簡報資料的封面底色是水藍色，上面印著象徵客戶和自己的照片，我們身穿西裝，緊握彼此的手。我的領帶是紅色，客戶的是藍色。」

能夠想像到這種地步，就代表即興學習法發揮了真正的效果。這裡要再度強調「未來履歷書」為何如此重視「想像」這件事，其實理由很簡單——研究指出「想像達成目標的畫面，有助於有效實現」。

優秀的「未來履歷書」又稱作「來自未來的明信片」。請將未來的自己著上高解析度的色彩，自己和四周的風景也會變得更有魅力，而「未來PDCA」可以協助你將目標進化到這種等級。

「未來PDCA」就是一套同時達到落實與進化目標的進階工具。再次提醒各位：ＰＤＣＡ循環中最重要的是檢視「Ｐ」（計畫）與「Ｄ」（行動）之間的落差，因此確實做好「Ｃ」（評估）的階段非常重要。

「未來履歷書」這套理論再搭配「未來ＰＤＣＡ」輔助工具，能夠陪伴各位讀者自發性地設定目標，並且達成。也許每天不會帶給你什麼驚喜，但只要扎實地累積，十年後、二十年後、三十年後，一定能收成豐碩的果實。

「現在」，就是三十年前的「結果」；而「現在」所設定的目標，也深深影響著三十年後的「結果」。

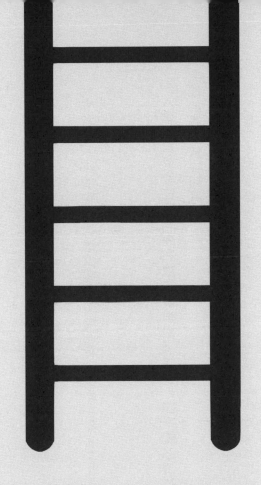

「未來履歷書」高階版——「30 年計畫的未來履歷書」——這一生，你想留下什麼？

「あしたの履歴書」30年計画編

VIII

如何設定「30年計畫」？

世界首屈一指的潛能大師安東尼・羅賓斯（Anthony Robbins）先生曾經說過：

「人總是對於能在一年內完成的事情過度評價，卻不將必須花上十年才能完成的事情放在眼裡。」

大多數的人都將目光放在眼前力所能及的事，鮮少人會去重視必須歷經十年才能達成的計畫。然而，請試著將視野放到十年後，去設定十年後的目標，然後再以此倒推回來，你會有全然不同的感受。

本書所介紹的「未來履歷書」雖以三年後的目標為主，如果要追求更高層次的自我進化，「未來履歷書」也能有效運用在以十年跨度來思考三十年後這種超長期目標。因此，本章要介紹的就是「三十年計畫的未來履歷書」。

設定長期目標會讓你產生更多的靈感，進而讓思考獲得解放，不再自我設限，這就是設定三十年計畫的意義，也可說是一種超長期思考訓練。實際上在「未來履歷書」課程中，「即興」學習法能夠幫助自己跳脫常識的框架，再去設定長遠目標。只要勇於用即興的手法來設定三十年計畫，就可以讓思考進化，磨練出「創造未來的能力」。

請大家先複習第三章（如圖3）提到的「未來履歷書」整體架構，其中，「三十年計畫的未來履歷書」包含三大部分——①「登山學習單」、②「三十年計畫」、③「三年計畫」，做法如以下步驟：

圖30　30年計畫

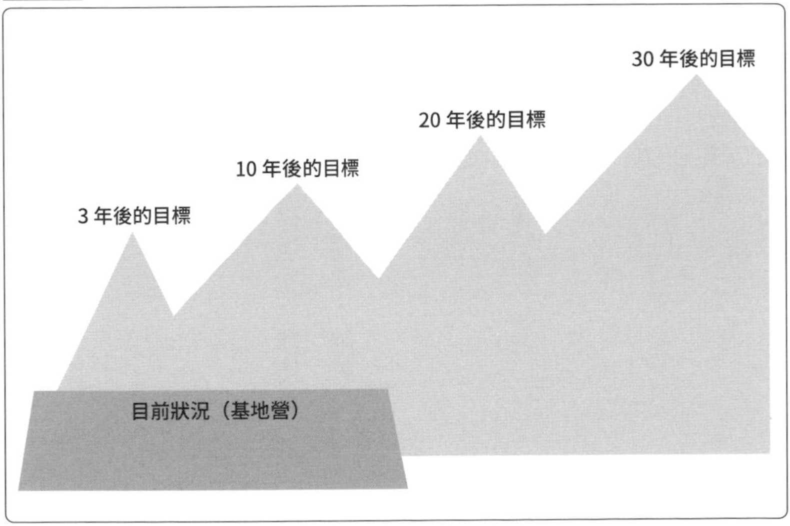

1. 用「隱喻」學習法完成「登山學習單」，設定三十年後的目標。

2. 製作「三十年計畫的人生指南」（如圖35），這份表單內含十年後的目標、二十年後的目標、三十年後的目標。

3. 再以此反推回去，製作「三年計畫」。

第六章主要教大家如何設定三年後的目標，但還有進階版的做法——運用**三十年計畫反推回來製作「三年計畫」，作為銜接現在與未來的橋梁，能夠提高三年計畫的精準度。**

30年後的目標＝「自我實現的目標」

三十年計畫就是按照上述步驟，找出你的「理想目標」，也可稱作「自我實現的目標」。

「自我實現」是什麼呢？知名的「馬斯洛的需求層次理論」（Maslow's hierarchy of needs）以金字塔圖表現人類的需求。他定義第一階段為「生理需求」（physiological needs）、第二階段為「安全需求」（safety needs）、第三階段為「社交需求」（love and belonging needs，也稱歸屬感）、第四階段為「尊嚴需求」（esteem needs，也稱認同感），相信上述需求各位應該都不難理解，而最頂層的第五階段「自我實現需求」（need for self-actualization）卻與前四階段有一線之隔。這個「自我實現需求」是最高層級的需求，通常埋藏在潛意識中。

以「自我領導力」理論來解釋「理想目標」，就是指潛意識中的你「想成為什麼樣的人」，如果可以將之具體化，提升到意識層面，就能擁有自我領導力，自發性地領導自己或周圍的人。

而在管理學領域中有所謂的「任務管理」，能協助企業順利營運。任務管理不光是協助企業與經營者將任務當作使命，每位員工也能藉此達到「自我實現的目標」。任務不只代表企業的使命、存在意義，也能讓每位員工重視各自的工作哲學，甚至將任務昇華為個人目標，並付諸實現，所以任務管理也是一種維持個人競爭優勢的方法。

有些企業會直接將企業任務貼在公告欄上，或者在早上要求員工集體宣示，但這種行為本身沒有意義；只有員工打從心底將組織的任務視為工作目標，才會主動執行和達成，這麼一來企業設定任務也有了意義。

三十年計畫也可用自我領導力和任務管理的概念加以詮釋——將個人心中的理想化為具體目標，發揮自我領導力，如此才能提升市場價值，維持競爭優勢。在接下來的小節可以看到工藤先生自我成長的同時獲得大家的信賴，於是想進而幫助周圍的人，這就是他的「自我實現的目標」。

本書獨創一套「任務準則」。這套標準可用於企業，也可用於個人，希望讀者參考看看（完整內容請詳閱圖31）：

圖 31 「任務準則」

打勾處	任務準則
	能用來自我實現（個人或組織）。
	能作為個人目標。
	合理，而且獲得大家的認同。
	能讓大家感同身受，認為「強大、有趣、獨特」。
	能發揮自己或所屬公司的優勢，讓自己或所屬公司成為獨特的存在。
	可利用 STP 等行銷策略來定位事業領域。
	能運用在商品或服務，甚至是員工的行動。
	可以鼓舞他人或組織。
	能發揮領導力。

- 能用來自我實現（個人或組織）。
- 能發揮領導力。
- 能作為個人目標。
- 合理，而且獲得大家的認同。
- 能讓大家感同身受。
- 「強大、有趣、獨特」。

以超長期目標經營企業的3位企業家

與「明日之團」有往來的企業經營者中，有一位創業家自己開公司，並讓公司股票上市，股票時價總額達一兆日圓以上。只要認識他就能深刻理解到，成功的祕訣在於日復一日累積小小的努力，實踐超長期目標。

雖說要努力，但並不是去做任何人都能輕鬆做到的事。打個極端的比方：即使滿街都是圖釘，也毫不畏懼地大步向前……做到像這種程度的努力。雖說要重視日常工作（例行公事），但也不是單純地埋頭苦幹而已，而是有具體的中長期目標，再從目標倒推回來，運用在日常工作上，策略性地努力。

行為科學相關研究也表示，人在潛意識中，會如同擁有信仰般對某一件事深信不疑，並且影響自己的行動。這樣的人，即使陷入危機，甚至無法解決問題，但強大的信念會支撐著他持續下去，突破難關。

以下要介紹三位堪稱世界級領導人的偉大經營者，他們都擁有超長期目標，而且達到屹立不搖的地位，那就是亞馬遜公司的傑夫．貝佐斯先生、軟銀集團的孫正義先生、阿里巴巴集團的馬雲先生。

貝佐斯與「萬年鐘」

貝佐斯先生在美國德州的山區投資五十億日圓，建設「萬年鐘」。

這座時鐘在未來的一萬年內會自動運行。建造這座鐘的目的在於讓人意識到：為了一萬年後的孩子們，人類做了許多社會貢獻、環境保護。

貝佐斯先生還擁有堪比「六標準差」（Six Sigma）的精密管理能力，並累積龐大的分析數據，是一位以邏輯性經營而知名的創業家。另一方面，貝佐斯先生同時兼具未來志向與創造力，特別是他能在腦中鮮活地勾勒出未來的目標，並且具體發展成一項成功的事業。正因為對企業展望擁有明確的規畫，亞馬遜才能從網路書店進化為全方位的網路購物平台。

除了亞馬遜旗下的各種事業，貝佐斯先生的經營領域也跨足太空科技。五歲就懷抱宇宙夢的他說：

「既然我中了亞馬遜這個頭獎，當然會想把資金投資在太空事業上，甚至可以說，這就是我讓亞馬遜成長至今的原因。」

為了達成讓人類移居到太空的夢想，貝佐斯先生設立「藍色起源」（Blue Origin）企業，打算在二〇二〇年提供將物資配送到月球的服務，據說這個構想已經向ＮＡＳＡ和美國總統川普先生提案了。

貝佐斯先生說：

「考慮到地球的將來，現在已經是個部分人類必須移居太空的時代，不能

只是壓抑世界人口的成長，而是依照每人的意願分別居住在地球或太空。雖然這個計畫還有很長的一段路要走，但我想為此貢獻自己的一份心力。」

貝佐斯先生就是像這樣，總是擁有超長期目標，並且扎實地邁進。

孫正義與「300年願景」

孫正義先生曾提出有名的「人生五十年計畫」。

這個計畫的內容大致上是：三十歲前闖出成績；四十歲前至少累積一千億日圓的資金；五十歲前決定勝負；六十歲前擁有成功的企業；七十歲前交棒，由下一代接手事業。他按照這個人生計畫，現在也不特別擔心沒有二代可接班。

孫正義先生還從《孫子兵法》和坂本龍馬得到啟發，獨創一套「孫正義兵法」，打造一座金字塔結構，由下到上分別是戰術、領導力、策略、願景、理念。若他沒有超長期思維，是無法擁有規模如此龐大的構想。

二〇一〇年，軟銀集團發表了「軟銀新三十年計畫」，其理念竟然是「三百年願景」。孫正義先生表示：

「身為創業家的我，最重要的任務就是為軟銀集團打造至少可以延續三百年壽命的DNA。決定好大方向後就要往該方向持續努力。而這也表示軟銀集團並非將三十年單純視為一個時期，而是創業至今的三十年為第一章節，下一個三十年為第二章節。」

對於孫正義先生來說，三百年後的世界是什麼樣子呢？現在，模擬人腦的電腦（例如IBM開發的仿人腦運算晶片「TrueNorth」）已經問世，它們擁有更高層級的感情與超高智慧，而軟體銀行未來想要到達的境界就是打造出人類與超高級電腦共存共榮的社會。

馬雲與「持續105年的企業」

馬雲先生標榜阿里巴巴集團是「可以持續一百零五年的企業」：

「阿里巴巴的願景就是構築出繼美國、中國、歐洲、日本之後，世界第五大的『阿里巴巴經濟圈』。」

阿里巴巴的交易總額在二〇一七年達到六十兆日圓，二〇二〇年則以一百一十兆日圓為目標。值得一提的是，阿里巴巴在二〇一六年已經超越沃爾瑪公司，成為全球最大零售商。馬雲先生的豪語或許不再是夢想。

馬雲先生明確表示，阿里巴巴將肩負起中國政府領導下的中國版IoT與中國版第四次產業革命的重責大任，其企業任務就是「打造未來的商業基礎設施來解決社會問題」。

馬雲先生本人等於是中國夢的體現，許多中國人將他視為英雄。身為一位言出必行的企業任務領導者，馬雲先生多次強調：「為了中國，也是為了讓世界變得更好。」他的理念深深影響了中國的年輕經營者和商務人士，促使他們也以這樣的使命感來成就一番事業。

這三位企業家都擁有超長期目標，而且不管遇到什麼困難都絕不退縮。你也可以像他們一樣將眼光放遠，從未來的目標推算回現在，就能知道自己該做什麼，並用超高速ＰＤＣＡ運轉，一步一步接近「理想目標」。

「大圓弧」就是任務

二〇一七年七月，以一百零五歲高齡過世的聖路加國際醫院理事長日野原重明先生，其著作《幸福的偶然：日本國寶醫生的創意搖籃》中有一句意義深遠的話——「成為大圓中的弧線」。據說，這是日野原先生的父親所告訴他的話，來自英國宗教詩人羅伯．布朗寧（Robert Browning）的詩中一小節，這句話也成為日野原先生的人生指南。

以下節錄其中一段：

圖 32 大圓中的弧線

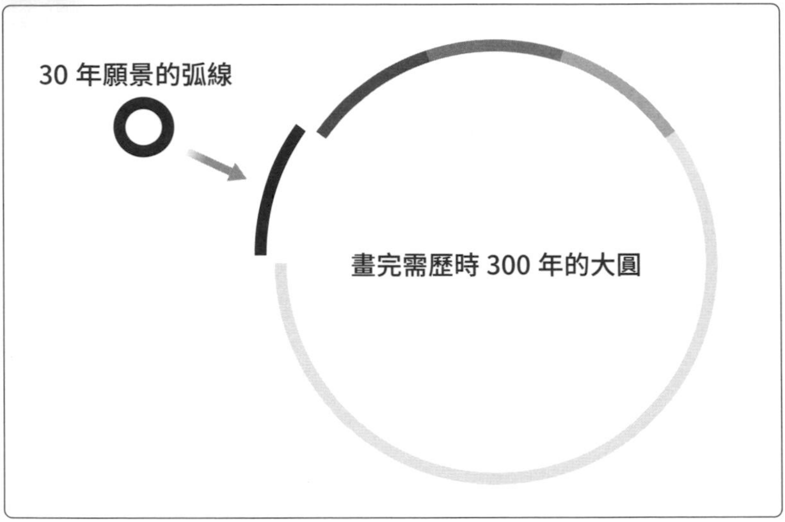
30 年願景的弧線
畫完需歷時 300 年的大圓

「你要有宏大的願景，現在馬上動手在天空畫個大圓。或許你這一生無法完成這個大圓，但你能成為大圓中的弧線。當然，靠自己一個人就能完成小圓，但那也不過是一個渺小的圓罷了。然而，大圓可以透過繼承你的意志的人來完成，這麼一來也會擁有完成這個大圓的實感。」

這個世代的大人物們不只擁有完成宏大事業的態度與綜觀大局的眼界，他們的所作所為同時也是為了今後將出生的世代。

不管是貝佐斯先生的「萬年鐘」、孫正義先生的「三百年願景」，還是馬雲先生的「持續一百零五年的企業」，都是告訴我們：自己的事業並非靠一己之力達成。

在我們的人生中，可能會在哪個機緣之下重新意識到屬於自己的「大圓」，重新定義這個「大圓」，並認識到現在也是「大圓」的重要部分。最重要的不是這個挑戰，而是正面迎接挑戰的態度。這麼一來，「成為大圓中的弧線」就會是你畢生的任務。

用「登山學習表」找出中長期目標

那麼，現在開始學習如何設定三十年計畫吧！

首先，請回想前文所說過的「登山學習表」——運用「隱喻」與「提問」的手法，引導出埋藏在潛意識中的願景和任務。

在正式進到「登山學習表」之前，再稍微說明一下「登山」的意義。以下敘述中，所有使用上下引號的詞，都含有隱喻的意味，當你聯想到與這些詞有關的景象和單字時，建議寫下來。

登山之前，首先要決定的就是「登哪座山」，仔細想像象徵目標的「山頂」上有什麼東西。決定好「登哪座山」後，接下來是決定登山「路線」，接著詢問自己「為何要登這座山」？再來就是思考「登山裝備」有什麼？例如「登山鞋」「衣物」「後背包」「頭燈或提燈」「烹調工具」「帳棚」「睡袋」等等，這些都算是基本配備，最重要的還有「地圖」和「指南針」。本書的二位作者，經歷了各種難關，披荊斬棘後才找到現在的「基地營」。二人感同身受的地方是，設定三十年計畫的過程中，思考「三十年後我想要成為什麼樣的人？」這個「理想目標」，就像登山時必備的「指南針」或「北極星」一樣重要。即使必須改變「途中經過的山」或「路線」，也毫不影響三十年計畫中的任務。

接著是難易度。登山分為三種：最輕鬆簡單的是「健行」；中等難度是以攻頂為目標的「一般登山」；如果需要運用專業能力就屬於「專家級登山」。依照山的種類或登山路線又可分為三種：從較為輕鬆的高尾山攀登到霧峰車山的路線為「初階」；白馬岳大雪溪為「中階」；甲斐駒岳的黑戶尾根則為「高階」。

完成「昨日履歷書」和「今日履歷書」後，你已經有足夠的自我肯定感，也做好了「登山」的準備。

決定「登山」就代表決定人生的方向，進一步想像「山頂」上有什麼東西，會引導你內心的願景。接著再思考以下三點：

1. 在人生故事中置入任務。

2. 在人生故事中建立個人品牌。

3. 在人生故事中編入劇情發展。

透過上述步驟，可以將長期目標和願景，跟你的任務做整合。

那麼，讓我們正式開始「走山路」吧！請閉上眼睛，深呼吸三次，讓全身的肌肉、情緒放鬆，在腦海中想像山的模樣。

Q1：你的人生規畫中會出現好幾座山，分別是什麼山？

Q2：你想要登哪一座山？

Q3：為什麼？

【案例1】居酒屋店長——土井先生

這邊再以土井先生的例子作為參考。

土井先生對於自己的登山想像如下：

Q1：你的人生規畫中會出現好幾

圖33 「登山學習表」Q1～Q3

你的人生規畫中會出現好幾座山，
分別是什麼山？
你想要登哪一座山？
為什麼？

座山，分別是什麼山？

A1：①維持現狀，繼續當店長；
②研究感興趣的食材；
③自己製作食材。

Q2：你想要登哪一座山？

A2：自己製作食材。

Q3：為什麼？

A3：如果想研究食材，可以從自己製作開始。

根據選擇的山再回答下列問題：

Q4：你選的山是哪座山？

圖 34「登山學習表」Q4～Q7

你選的山是哪座山？
山頂上有什麼？
攻頂路線有好幾條，
你會選擇什麼樣的路線？
為什麼？

A4：自己製作出客人覺得美味又吃得安心的食材。

Q5：山頂上有什麼？

A5：客人和相關人士的笑容。

Q6：攻頂路線有好幾條，你會選擇什麼樣的路線？

A6：調到總公司食材批發部，即使必須花上很長的時間也要自我進修，學習相關知識。

Q7：為什麼？

A7：這是自己真正想做的事，就算花時間也沒關係。

透過「登山學習表」，土井先生找到自己的任務——想讓顧客開心，而為了達成這個任務，他的願景就是自己製作食材。

【案例2】保險公司業務——工藤先生

接著是工藤先生的例子：

Q1：你的人生規畫中會出現好幾座山，分別是什麼山？

A1：①在保險業務工作上持續努力；②調到總公司運用部；③轉職到別的公司。

Q2：你想要登哪一座山？

A2：調到總公司運用部。

Q3：為什麼？

A3：想要擁有專業技術與相關經驗。

Q4：你選的山是哪座山？

A4：爬到公司的最上層。

Q5：山頂上有什麼？

A5：總經理。

Q6：攻頂路線有好幾條，你會選擇什麼樣的路線？

A6：先成為運用部的股票專家，再成為該部門負責人。

Q7：為什麼？

A7：很喜歡這間公司，希望讓公司成長為足以影響全世界的大企業。

工藤先生透過「登山學習表」再度確認自己設定目標的真正意義為「成為企業財務專家」。即使工藤先生沒有如所願當上投資組合經理，現在開始努力進修，未來也可能成為企業財務專家，幫助更多的客戶，認清這一點後，他的工作動力又提升了。

設定目標的意義就在於，協助你具體知道自己真正想追求的是什麼，而這就是你的「理想目標」，也是「自我實現的目標」，同時也會成為每日行動的指南，對現在的你特別有幫助。

光是藉由第六章的「未來職務經歷書」，工藤先生仍難以確定自己真正想做的事，但透過三十年計畫，似乎漸漸看到雛形。完成「登山學習表」後，工藤先生更加進化自己的目標，光在這點上設定長期目標就有其意義。

【案例3】新創公司部長——福井先生

最後是福井先生：

Q1：你的人生規畫中會出現好幾座山，分別是什麼山？

A1：①繼續在目前的公司努力工作；②自己創業開公司。

Q2：你想要登哪一座山？

A2：自己創業開公司（並成為上市公司，所以現在要做的是先當到目前公司的董事）。

Q3：為什麼？

A3：對自己而言是正確的升遷路徑。

Q4：你選的山是哪座山？

A4：自己創業開公司，並成為上市公司，帶動業界發展，活絡社會。

Q5：山頂上有什麼？

A5：透過全新的婚宴事業，解決少子高齡化問題。

Q6：攻頂路線有好幾條，你會選擇什麼樣的路線？

A6：在日本首創婚宴諮詢的工作，提供未婚男女建議。

Q7：為什麼？

A7：婚宴不僅是事業，也是想幫助客戶。

福井先生從大型企業轉職到現在的新創公司，負責經營婚宴市場，理解少子高齡化這個社會問題，想將它融合在自己的工作中。他決定留在現在的公司，運用二家婚宴相關公司拓展婚宴市場的人脈，開拓新事業。他打算推出經濟實惠的「節省婚」服務，成功發展事業，活絡社會。另外，福井先生也有了新的想法：

「雖然我的最終目標是自己創業開公司，並且讓公司股票上市，但現在的我還是想在目前的公司當到董事。」

福井先生透過「登山學習表」確立三十年後的目標——成為新事業「婚宴諮詢」的先驅，幫助單身男女，對少子高齡化對策有所貢獻，這就是他的願景和任務。福井先生發想出的婚宴諮詢師，有別於服務訂婚情侶的婚禮統籌師，是專為單身男女提供嶄新的服務。

「既然我要靠自己的力量在婚宴市場闖出一片天，就要想辦法在該業界占有一席之地。」

福井先生想開拓嶄新市場來解決少子化問題，當然也想進一步成為這個領域的領袖，從現在起，他必須更加磨練相關的勝任力。

用「30年計畫的人生指南」預演人生的意義

以下再回顧一次保險公司業務工藤先生的「登山學習表」：

Q1：你的人生規畫中會出現好幾座山，分別是什麼山？

A1：①在保險業務工作上持續努力；②調到總公司運用部；③轉職到別的公司。

Q2：你想要登哪一座山？

A2：調到總公司運用部。

Q3：為什麼？

A3：想要擁有專業技術與相關經驗。

Q4：你選的山是哪座山？

A4：爬到公司的最上層。

Q5：山頂上有什麼？

A5：社長。

Q6：攻頂路線有好幾條，你會選擇什麼樣的路線？

A6：先成為運用部的股票專家，再成為該部門負責人。

Q7：為什麼？

A7：很喜歡這間公司，希望讓公司成長為足以影響全世界的大企業。

然而，無論要登哪一座山，都必須先設想好途中會有什麼難關（「惡魔」）在等著我們，所以讓我們再活用第四章介紹的「英雄旅程」，製作「三十年計畫的人生指南」——在登山過程中編入故事、設定角色，並按照「主人公」「導師」「惡魔」「武器」「同伴」「蛻變」的順序進行。

工藤先生的設定如下：

圖 35　30 年計畫的人生指南

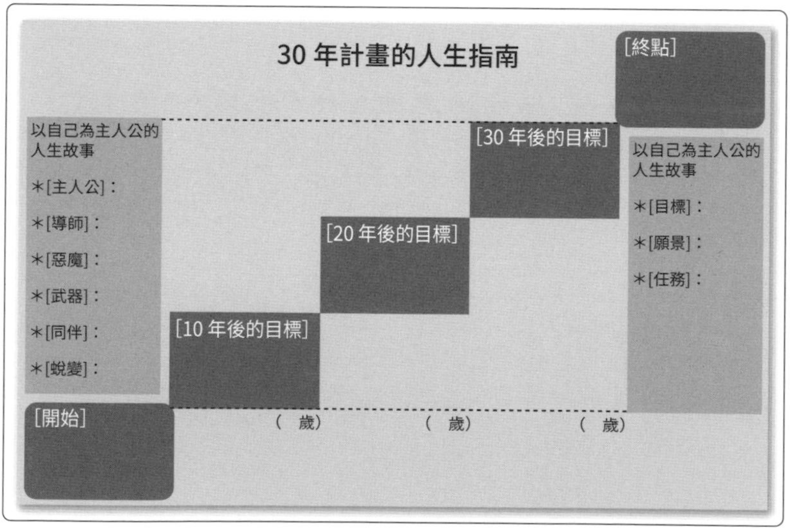

「主人公」：自己。

「導師」：進公司第一年指導自己的村田（化名）前輩，目前他在總公司的海外保險事業部工作。

「惡魔」：無法轉調到股票運用部。

「武器」：備受客戶信賴的優勢，以及企業財務的知識、經驗。

「同伴」：目前職場上的同期同事、前輩、後輩。

「蛻變」：從只考慮自己的成長，轉為關注同伴的成長與幫助周圍的人。

無論在英雄故事中或真實人生裡都有難關在等著我們。從設定目標的階段就預想有哪些必須跨越的難關，思考這些難關帶來的意義，可以重新審視自己的目標或真正想追求的事。

工藤先生對於「惡魔」這項設定另外補充一點：畢竟是待在大公司，想要轉調至重要部門的股票運用部，不是光靠努力就能做到的。他想去股票運用部的最終目的是成為企業財務專家，然而在目前的分店工作，也能靠著自我進修成為企業財務專家，提供經營者客戶諮詢，同時自我成長與幫助他人。而在思考「同伴」這個設定時，工藤先生再次發覺身邊的同期同事、前輩、後輩就是這樣的角色，他在學習表上寫著：

「我的『蛻變』就是從只考慮自己的成長，轉為關注同伴的成長與幫助周圍的人。」

這對工藤先生來說才是「理想目標」，也是「自我實現的目標」。

從工藤先生的例子可以看到，思考「同伴」的意義是讓自己產生「蛻變」的契機。其實，大部分的人在工作中的成長速度，與職場同伴有很大的關係。**雖然我們無法選擇同事是誰，但你可以選擇如何與他們工作。**請再次回顧第一章蓋洛普公司提出的參與度調查——「Q12」，其中的Q10是「目前的職場上有好朋友」。如果職場上有好友，工作起來會有多麼開心。與值得信賴的「同伴」合作，工作也會進行得更順利。在日益重視參與度的現代，尋找志同道合的戰友，彼此共同成長也是在勉勵自我成長。像「未來履歷書」正是因為高橋恭介、田中道昭二人成為夥伴之後才創造出的結晶。在商場和社會，「團隊成績」其實比「個人績效」來得更重要，這也是「明日之團」成立的意義之一。

工藤先生了解自己所擁有的「武器」在於能夠幫助客戶，也更加確定現在的自己必須做什麼。

希望各位讀者參考以上「英雄旅程」的故事編入、角色設定，幫助自己設定十年後、二十年後、三十年後要登哪一座山，並規畫如圖35的「三十年計畫的人生指南」，然後以此反推回目前的狀況，製作「三年計畫」。

讓「30年計畫」產生劇烈衝擊

第三章中提到「為自己的人生自導自演」，這句話是三十年計畫的重要觀念。為了讓讀者們了解其重要性，本書還要告訴大家可以讓三十年計畫產生衝擊的三大重點：

1. 在人生故事中置入任務。
2. 在人生故事中建立個人品牌。
3. 在人生故事中編入劇情發展。

【案例1】保險公司業務——工藤先生

第一點「在人生故事中置入任務」，意指當自己人生的劇本家，思考你重視什麼樣的精神價值、必須面對什麼樣的社會問題與文化問題。

在保險公司上班的工藤先生經過這個自我反省的過程後，引導出埋藏在潛意識中的任務與使命感：

「將自己一直以來重視的誠實和信用等工作價值觀運用在社會上；透過這份與社會有關的保險工作，創造出人人都可平等競爭的社會。」

工藤先生因為找出自己的生存意義，而讓人生故事增加衝擊感。

第二點「在人生故事中建立個人品牌」，就是注入自己的優勢、特色、差異化，加深故事的真實性。

工藤先生的個人品牌就是誠實和信用，並以此與他人做出差異化。為此，他認為必須更重視平時的工作（例行公事），之前製作的「勝任力列表」中也要加入新的行動目標，讓短期目標產生進化。

第三點「在人生故事中編入劇情發展」，指的是將第一點引導出的任務編寫成具體的故事情節。一個完整的故事就是因為有具體的情節與各種小插曲，才能讓人感受到魅力。重點在於，找尋任務時將可能會遇到的困難、障礙、內心糾葛一一交代清楚，可以有更明確的方向。

工藤先生思考完上述三點後，對於「將自己一直以來重視的信用、誠信等工作價值觀運用在社會上」這樣的任務，在實際執行時可能會遇到的困難、阻礙、內心糾葛都想過一遍，於是開始深思：

「我真的能在利益衝突的情況下仍然貫徹誠實和信用嗎？」

「若這項工作與我的價值觀背道而馳，我還能秉持誠實和信用嗎？」

他的結論是，正因為保險業面臨人口減少與競爭激烈的紅海，在目前的橫濱分店，他要徹底靠誠實和信用讓自己站穩腳步。

體驗完「三十年計畫的未來履歷書」後，工藤先生設定的三年後的目標並沒有改變。他的感想是：

「一開始，我設定的三年後的目標是以自我成長為主，但經過這些實作後，我更加確定這是我的『理想目標』！」

工藤先生設定三十年計畫後得到的收穫，不只展現在三十年後，更引發「現在、當下」的改變。現在的改變能為未來帶來偌大的成果。

【案例2】居酒屋店長——土井先生

本章最後的案例是居酒屋店長土井先生，請大家看看他的改變。土井先生在這三年以來只是居酒屋的打工人員，由於工作態度認真，得到公司賞識，升格為正式員工，現在又晉升為店長。

土井先生的「登山學習表」中最重要的是，「同伴」這個項目成為「蛻變」的契機。登山的過程中，和誰一起越過山峰也是重要的要素之一。實際登山時，也會先決定誰是「領導者」、誰是「隊員」。

土井先生思考自己的「同伴」時，想起打工時代的一位好友赤石（化名）先生，經常來到他住的公寓，窩在一起看少年漫畫《ONE PIECE航海王》。土井先生當時沉浸在人生低潮中，一蹶不振，而赤石先生也是一樣的遭遇。後來，赤石先生辭去打工的工作，現在在群馬縣的老家從事有機農業栽培。土井先生想起赤石先生的這段發展，於是為自己設定一個新的短期目標——向赤石先生學習有機蔬菜相關知識。

土井先生還發現到一件事：自己採購一流食材與振興東南亞農業這個長期目標的原點，其實就在《ONE PIECE航海王》裡！

「我想像《航海王》那樣，在東南亞打造一個重視橫向（『同伴』）連結的農業組織。我發現到，現在的自己其實已經轉變『登山』階段了，而且一路走來都有『同伴』相助。」

土井先生透過三十年計畫加深了當下的期待感與對目前工作的參與度。

這一生，你想讓人記得你的什麼？

彼得・杜拉克（Peter Drucker）在其著作《彼得・杜拉克非營利組織的管理聖經：從理想、願景、人才、行銷到績效管理的成功之道》（*Managing the Non-profit Organization: Principles and Practices*）中有以下這段敘述：

「我十三歲時，神父問大家一個問題：『這一生，你想讓人記得你的什麼？』當時沒有人可以回答這個問題。接著神父又說：『我其實不打算你們現在就回答，但要是到了五十歲還是無法回答這個問題，那麼就代表你白白浪費了自己的人生。』（中略）運氣好的人，可以遇到像神父這樣的人生導師，在年輕的時候透過導師的提問，不斷反思自己的人生。」

「這一生，你想讓人記得你的什麼？」光是這個問題，就能改變三年後、五年後的工作方式，甚至可說是「魔法的問題」。這個問題可以督促自我革新，促進自己成長。

「如果你的生命明天走到盡頭，你想讓人記得你的什麼？」

聽到這個問題時，你會如何回答？你的答案或許是業績、人品，無論為何，通常都是自己最重視的事物。

某一位「未來履歷書」講座的學員回答：

「聽到這個問題，我所想的不是事業成績或社會地位，我希望大家對我的評價是：『他是一個熱心助人、既討喜又有趣的傢伙。』」

這位學員說的這番話正是他真正想追求的任務。

曾經有人問：

「如果你的生命明天走到盡頭，你會不會後悔沒做什麼？」

這個問題會大大改變一個人的生活方式與工作心態。因為大部分身體健康、每天勤奮工作的人都不會特別想到自己的生命或許將在明天結束。

請想像自己的人生將要在明天劃下句點，那麼心中會有哪些遺憾？這就是對你而言最重要的事、最想做的事！也是設定三十年計畫的意義。

三十年是很長的一段時間，隨著年齡增長，人和環境當然會有所改變，目標也會持續進化。改變是理所當然的，然而，任務是不會變的。不管是對於

「這一生，你想讓人記得你的什麼？」還是「如果你的生命明天走到盡頭，你會不會後悔沒做什麼？」的問題，你的回答都代表三十年計畫的任務。相反的，若你的回答與設定的任務有所出入，應該很難朝三十年後的目標持續邁進。

現在的你，這一生想讓人記得你的什麼？

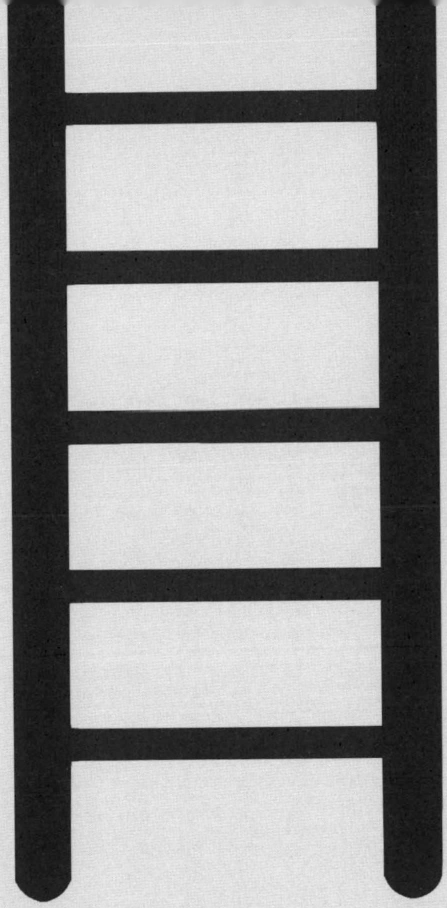

結語

おわりに

CONCLUSION

結語——你想要擁有什麼樣的未來？

比日本更早迎接ＡＩ時代的美國，目前已將「即興教育」作為新型態的學習法之一，「未來履歷書」講座中也使用這種手法。即興教育不僅是一種強化即興力、彈性思考、危機處理能力的學習法，當前科技神速進步，擁有即興思維與應變能力，也是ＡＩ時代中生存的重要技能。

美國的許多企業，已經將「超長期目標×超短期目標」的互相配合視為商業規畫的重要概念，最典型的案例就是本書第八章介紹的貝佐斯先生經營的亞馬遜公司。貝佐斯先生將超長期目標的設定作為亞馬遜的重要價值觀，不僅從中思考出商業模式，更從未來開始倒推，明確導出現在必須完成的目標，也於公司內部導入ＰＤＣＡ循環，並以超高速徹底落實運轉。可以說，亞馬遜**「用一百年的跨度，重新審視每一天」**，因此成就了「超長期目標×超短期目標」的經營方式。

本書第二章詳述ＡＩ時代中最重要的技能——「建立論點的能力」＝「設

定長期目標的能力」。

現代企業只要透過ＡＩ演算法，即能立刻找出各種解決問題的方式，因此對組織領導者來說，最重要的就是設定該組織需要解決的課題和問題，甚至也要培育下屬擁有這樣的技能。這裡再次引用《連線》雜誌創刊總編輯，同時引領美國科技界的凱文・凱利先生所說的話：

「我們應該讓ＡＩ專注在解決問題，人類則致力於持續不斷提出好問題。」

批判性思考將「建立論點的能力」與「設定長期目標的能力」視為一組相輔相成的技能。所謂批判性思考就是，首先定義目標或想得到的結果，接著進行假設與驗證，最後思考解決對策，而設定目標或想得到的成果的步驟，指的正是建立論點與設定長期目標。而且，要培養「建立論點的能力」與「設定長期目標的能力」，從平時就必須鍛鍊以下多重技能：

● 提問的能力

● 綜觀大局的能力
● 看穿事物本質的能力

然而，擁有長期目標並非易事，因為心理障礙會成為大部分的人思考長期目標的枷鎖。運用「即興」學習法能幫助自己解開心中的枷鎖，找出長期目標，並讓目標確實地進化。這也是因為「建立論點的能力」與「設定長期目標的能力」相乘後的效果，讓我們懂得提出問題，設定目標，提升想像力，進一步得到AI時代必備的終極技能——「創造未來的能力」。本書第一章也花費相當程度的篇幅介紹如何增進「自我肯定」和「自我重視感」，因為這是設計「未來履歷書」的基本心態。

「未來履歷書」是基於上述背景所創立，不但重視實務技能，也以提升個人的市場價值為目標。能展現個人市場價值的「職務履歷書」就是「未來履歷書」的骨幹，可以協助大家在平時工作（例行公事）中實現自我成長。若你能解除內心枷鎖，跳脫常識的框架，便能進一步設定中長期目標。

至於「未來PDCA」的特色就是讓目標進化。將「勝任力列表」中的行動目標導入PDCA循環，使目標變得更具體且詳細，也可以用來定點觀測自我成長。

最後，再簡述一下提供「未來履歷書」講座的「MVP俱樂部」。「MVP俱樂部」由「明日之團」主辦，主要是將企業的人事考核制度相關知識用於商務人士的個人進修。MVP的全名為「Market Value Up」，而「MVP俱樂部」所扮演的角色也正如其名，專為商務人士提升個人的市場價值，針對「想自我成長，薪資也同時成長」「希望學習勝任力與人性教育」「想提升工作成果與工作參與度」等需求，提供各項相關課程。

目前，「MVP俱樂部」提供的服務除了「未來履歷書」講座，還包含輕鬆學習MBA基礎科目的「基礎技能講座」（包含批判性思考、定量分析、戰略與行銷講座）、邀請實踐目標的經營者分享經驗談的「總裁研討會」、由當紅主播開班授課的「好印象技巧講座」，以及「未來PDCA」與「商業計畫講座」等。

「MVP俱樂部」為每位工作者提升個人市場價值與促進自我成長的訣

竅，正是本書介紹的「未來履歷書」和「未來ＰＤＣＡ」。「未來履歷書」能協助設定目標，解決較長期的問題；「未來ＰＤＣＡ」為進化版的ＰＤＣＡ，能讓工作表現產生大幅的躍進。

「明日之團」也將團隊合作相關的實體課程與線上課程相互搭配，為學員提供雙向且積極的學習環境。

對本書介紹的課程感興趣的讀者，可以詳閱以下網址：

「ＭＶＰ俱樂部」

〈https://mvp-club.com〉

最後，本書想告訴讀者「未來履歷書」的宗旨——「擁有目標並且實現的重要與美好」。擁有目標的人不但堅強，也會因此產生強大的信念與自信，不僅可以達到自我變革的成長，更能為身邊的人帶來幸福。

若你擁有目標，也能將眼光放遠，俯瞰自己的人生時，便會開始朝向目標自律地度過每一天。然而，假設在某個時期不得不轉換跑道或修正方向，也不會將之視為「挫折」，而是審慎地重新設定目標，再度產生繼續往前邁進的力量。

人生除了處於高峰狀態之外，也會遇到低潮，只要接納原本的自己，肯定過去，珍惜當下，你的視野會變得遼闊，足以發現美好的未來。

因此，誠摯希望讀者能好好利用本書，產生「深度變化」，將你的未來刻劃在自己專屬的「未來履歷書」中。

高橋恭介

田中道昭

二〇一七年十一月

參考文獻

さんこうぶんけん

REFERENCE

- 《必然：掌握形塑未來30年的12科技大趨力》（*The Inevitable: Understanding the 12 Technological Forces That Will Shape Our Future*）日文版　凱文·凱利著（Kevin Kelly）　服部桂譯　NHK出版（臺灣繁體中文版為貓頭鷹）
- 《100歲的人生戰略》（*The 100-Year Life: Living and Working in an Age of Longevity*）日文版　琳達·格拉頓（Lynda Gratton）、安德魯·斯科特（Andrew Scott）　池村千秋譯　東洋經濟新報社（臺灣繁體中文版為商業周刊）
- 《即興力：反應快是這樣練出來的》（*Yes, And: How Improvisation Reverses "No, But" Thinking and Improves Creativity and Collaboration—Lessons from The Second City*）日文版　李奧納德（Kelly Leonard）、約頓（Tom Yorton）著　Discover 21編輯部譯　Discover 21（臺灣繁體中文版為天下文化）
- 《首先，打破成規：八萬名傑出經理人的共通特質》（*First, Break All the Rules: What the World's Greatest Managers Do Differently*）日文版　馬克斯·巴金漢

● 《幸福的偶然：日本國寶醫生的創意搖籃》日野原重明著　光文社（臺灣繁體中文版為張老師文化）
● 《為什麼那間公司員工的「生產力」特別高？：讓員工的「行動習慣」產生飛躍式變革的方法》望月禎彥、高橋恭介著　Forest出版
● 《用「最強」人事考核讓員工捨不得離職》高橋恭介著　Ascom
● 《只靠人事考核制度就能提升3成獲利！：應對「工作方式改革」的唯一王牌》高橋恭介著　Kiko書房
● 《你的薪水漲3成！》高橋恭介著　Kiko書房
● 《訂立人生計畫的方法》本多靜六著　實業之日本社
● 《達成力：跟世界第一導師學「達成目標」的方法》豊福公平著　Kizuna出版
● 《任務經營學》田中道昭著　Subaru舍Linkage
● 《人與組織：領導力經營學》田中道昭著　Subaru舍Linkage
● 《圖解版　必然：掌握形塑未來30年的12科技大趨力》凱文·凱利（Kevin Kelly）著　服部桂譯　Impressrd R&D

Increasing Effectiveness Through Situational Self Leadership）日文版　肯．布蘭查（Ken Blanchard）、蘇珊．佛勒（Susan Fowler）、勞倫斯．霍金斯（Laurence Hawkins）著　依田卓巳譯　Diamond社

- 《企業參謀》大前研一著　講談社
- 《彼得．杜拉克非營利組織的管理聖經：從理想、願景、人才、行銷到績效管理的成功之道》（*Managing the Non-profit Organization: Principles and Practices*）日文版　彼得．杜拉克（Peter Drucker）著　上田惇生譯　Diamond社（臺灣繁體中文版為遠流）
- 《千禧世代創業家的新製造論》仲曉子著　光文社

（Marcus Buckingham）、庫特．科夫曼（Curt Coffman）著　宮本喜一譯　日本經濟新聞社（臺灣繁體中文版為先覺）

- 《這就是答案：世界最偉大的組織如何釋放人的潛能來推動成長》（*Follow This Path: How the World's Greatest Organizations Drive Growth by Unleashing Human Potential*）日文版　庫特．科夫曼（Curt Coffman）、加布里爾．岡薩雷斯－莫利納（Gabriel Gonzalez-Molina）著　加賀山卓朗譯　日本經濟新聞社
- 《人生向上練習：讓生活變得有趣的祕訣》李敬烈著　Sunmark出版
- 《千面英雄》（*The Hero with a Thousand Faces*）日文版　約瑟夫．坎伯（Joseph Campbell）著　倉田真木、齋藤靜代　關根光宏譯　早川書房（臺灣繁體中文版為立緒）
- 《未來記憶成功術：向未來預借自信，輕鬆打造「我做得到」的人生！》池田貴將著　Sunmark出版（臺灣繁體中文版為野人）
- 《自我領導力與一分鐘經理人：透過情境自我領導力提升工作效率》（*Self Leadership and the One Minute Manager:*

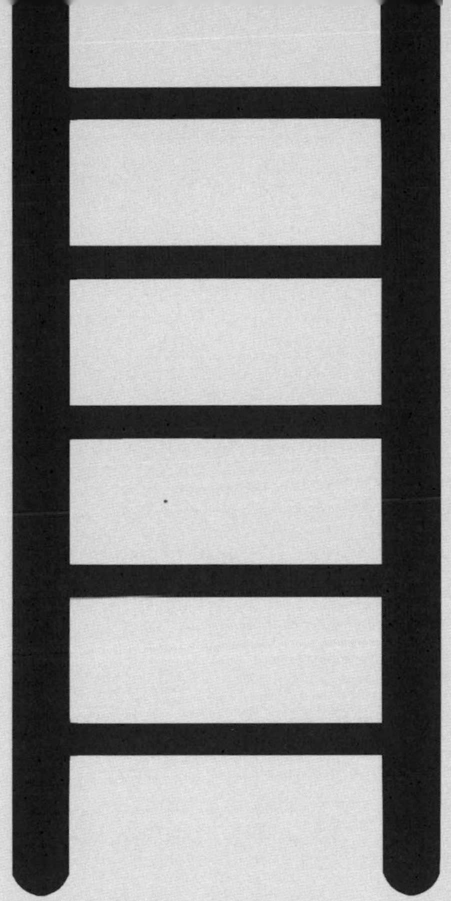

附錄

ふろく

APPENDIX

「昨日履歷書」——「參與度圖表」

「昨日履歷書」——「英雄旅程」

1・天命（Calling）：對你來說，此時的使命為何？

「＿＿＿＿＿＿＿＿＿＿＿＿＿＿＿＿＿＿＿＿＿＿＿＿＿＿＿＿＿＿＿＿＿＿」

發現自己的使命。

2・啟程（Commitment）：此時的事情開端、契機為何？

「＿＿＿＿＿＿＿＿＿＿＿＿＿＿＿＿＿＿＿＿＿＿＿＿＿＿＿＿＿＿＿＿＿＿」

為完成使命而踏上旅程。

3・面臨困境（Threshold）：此時的障礙、困難為何？

「＿＿＿＿＿＿＿＿＿＿＿＿＿＿＿＿＿＿＿＿＿＿＿＿＿＿＿＿＿＿＿＿＿＿」

遭遇困難或障礙。

4・導師（Guardians）：此時能影響自己的人、事、物、書籍為何？

「＿＿＿＿＿＿＿＿＿＿＿＿＿＿＿＿＿＿＿＿＿＿＿＿＿＿＿＿＿＿＿＿＿＿」

與引導自己解決難題的師父相遇。

5・惡魔（Demon）：此時最大的障礙、困難為何？

「＿＿＿＿＿＿＿＿＿＿＿＿＿＿＿＿＿＿＿＿＿＿＿＿＿＿＿＿＿＿＿＿＿＿」

看似即將成功，結果仍舊失敗，於是再度面臨困境。

6・蛻變（Transformation）：此時跨越難關、解決難題的方法為何？

「＿＿＿＿＿＿＿＿＿＿＿＿＿＿＿＿＿＿＿＿＿＿＿＿＿＿＿＿＿＿＿＿＿＿」

在失敗和困境的考驗中自我成長。

7・解決問題（Complete the task）：此時完成的課題為何？

「＿＿＿＿＿＿＿＿＿＿＿＿＿＿＿＿＿＿＿＿＿＿＿＿＿＿＿＿＿＿＿＿＿＿」

跨越困境，達成使命。

8・回鄉（Return home）：完成課題後所得到的經驗與此時的心情為何？

「＿＿＿＿＿＿＿＿＿＿＿＿＿＿＿＿＿＿＿＿＿＿＿＿＿＿＿＿＿＿＿＿＿＿」

成為英雄，並發現新的使命，再度踏上旅程。

意義

「今日履歷書」——「工作重要度檢核列表」

1．你的公司具有什麼特色（例如公司的強項、文化、歷史、實績）？

2．你的公司旗下產品或服務具有什麼特色（例如公司的強項、文化、歷史、實績）？

3．你的公司客戶所屬企業？旗下員工又如何？

4．你的公司旗下產品或服務可以為客戶帶來什麼幫助？

5．使用你的公司旗下產品或服務後，你的客戶會產生正向情緒嗎？

6．使用你的公司旗下產品或服務後，你的客戶會感到安心、擁有自信嗎？

7．在這樣的公司工作，你覺得自己會得到成就感嗎？

8．在你現在的公司工作，你獲得什麼成長？

9．在這樣的公司工作，你覺得有何意義？

「今日履歷書」——「價值觀列表」

1. 責任感	2. 成就感	3. 權力	4. 平衡	5. 變化	6. 承諾
7. 能力	8. 勇氣	9. 想像力	10. 滿足客戶	11. 多樣性	12. 效果
13. 效率	14. 公正	15. 信念或宗教	16. 家庭	17. 健康	18. 有趣
19. 成長	20. 正直	21. 獨立	22. 誠實或清廉	23. 知識	24. 遺產
25. 忠誠	26. 金錢或財產	27. 熱忱	28. 完美	29. 品質	30. 表揚
31. 簡單	32. 地位	33. 形式	34. 團隊合作	35. 信用	36. 緊急
37. 服務奉獻	38. 智慧				

1 38 項價值觀中選出 6 項

2 6 項中選出 3 項

3 按照重要程度排序　第 1　第 2　第 3

出處：豐富公平《達成力：跟世界第一導師學「達成目標」的方法》

「今日履歷書」——「工作盤點列表」

準備	研究、調查	企畫、計畫	製作、制定	執行、實施	回顧、追查
○準備開店	○調查市場	○想企畫	○製作資料	○推銷	○管理客戶資料
○步驟	○調查商圈	○提草案	○製作提案書	○提案	○客服
○跑業務	○調查競爭對手	○腦力激盪	○製作企畫書	○發表	○管理進度
○招攬客戶	○調查目標客戶	○開會	○制定計畫	○接待客戶	○管理財務
○打電話	○研究業界	○討論	○制定策略	○營運商場	○會計、總務
○約客戶談生意	○列出清單			○簽約	○處理行政
○公司內部協調	○盤點			○完成合約手續	○管理人事
○公司內部開會	○分析			○處理單據	○錄取員工
○思考				○公司內外協調	○訓練員工
				○審核文件	○公司內部例行活動
				○下決策	○資訊系統
					○管理風險
					○寫報告書

「今日履歷書」——「白海策略」

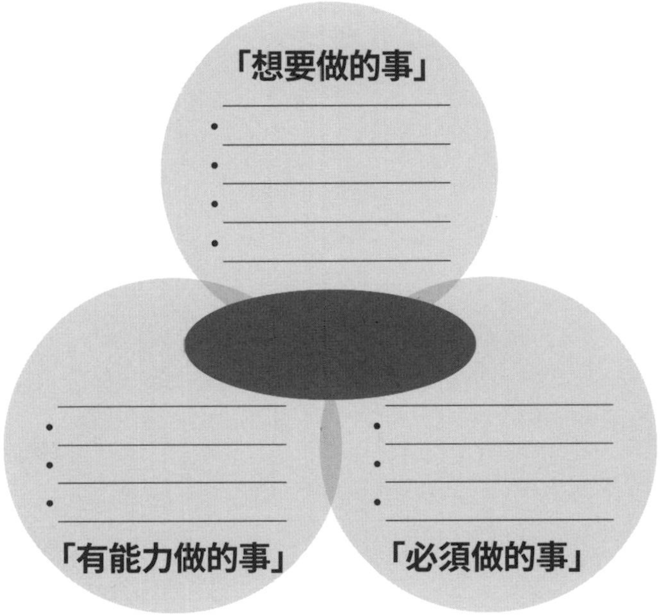

「3年後的未來履歷書」——「5W1H列表」

◆When（何時）：

◆Where（何地）：

◆Why（為什麼）：

◆What（做什麼）：

◆Whom（對誰）：

◆How（如何執行）：

◆成果：

「3年後的未來履歷書」——「成果列表」

◆成果：

◆可量化成果：

◆非量化成果：

◆感受：

◆經驗：

◆技能：

◆知識：

◆人脈：

◆意義：

「3年後的未來履歷書」——「MBO列表」＋「勝任力列表」

MBO（想要得到什麼成果？）

項目	名稱	目標設定項目	重點	等級1	等級2	等級3	等級4（達成）	等級5	等級6

勝任力（想要實現成果，該如何行動？）

項目	名稱	目標設定項目

「3年後的未來履歷書」——「未來職務經歷書」（條列式版）

「梅的等級」
＊
資訊簡單的「職務經歷書」
「竹的等級」
＊
最標準的「職務經歷書」
「松的等級」
＊
「未來職務經歷書」

「3年後的未來履歷書」──「未來職務經歷書」（詳述版）

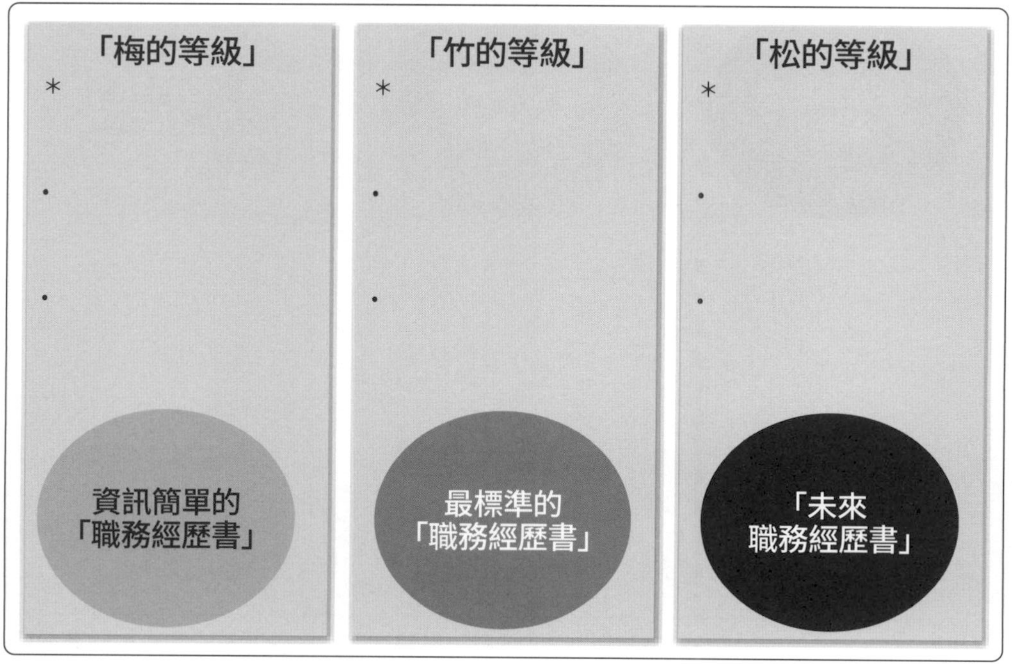
「梅的等級」
*
•
•
資訊簡單的
「職務經歷書」
「竹的等級」
*
•
•
最標準的
「職務經歷書」
「松的等級」
*
•
•
「未來
職務經歷書」

「未來PDCA」——「週次PDCA」

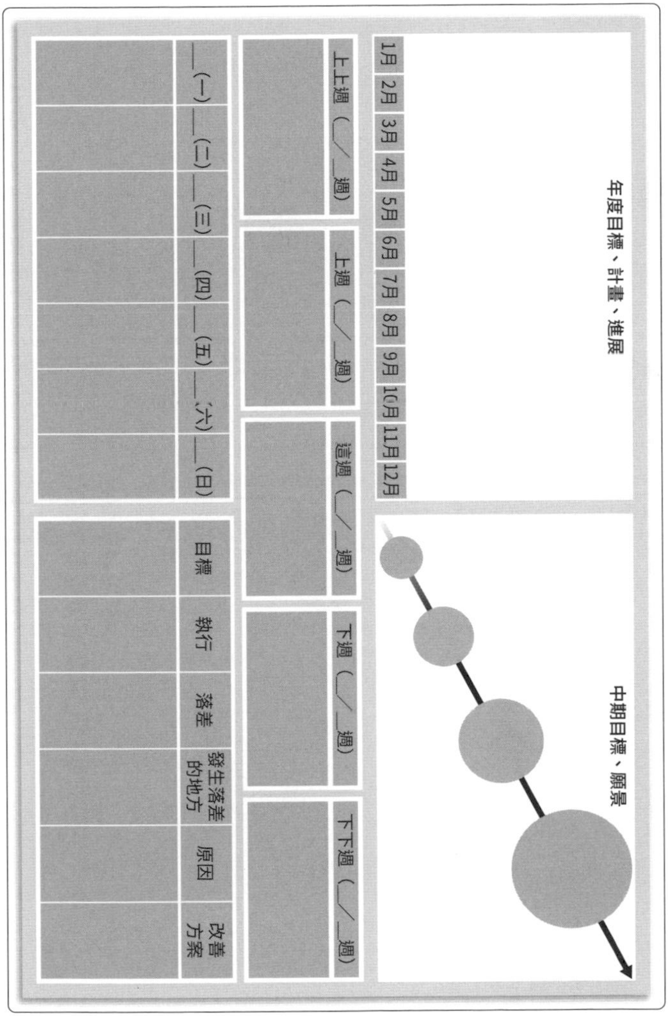
年度目標、計畫、進展
1月
2月
3月
4月
5月
6月
7月
8月
9月
10月
11月
12月
中期目標、願景
上上週（_/_週）
上週（_/_週）
這週（_/_週）
下週（_/_週）
下下週（_/_週）
_(一)
_(二)
_(三)
_(四)
_(五)
_(六)
_(日)
目標
執行
落差
發生落差的地方
原因
改善方案

「30年計畫的未來履歷書」——「登山學習表」Q1～Q3

你的人生規畫中會出現好幾座山，
分別是什麼山？
你想要登哪一座山？
為什麼？

「30年計畫的未來履歷書」──「登山學習表」Q4～Q7

你選的山是哪座山？

山頂上有什麼？

攻頂路線有好幾條，
你會選擇什麼樣的路線？

為什麼？

「30年計畫的未來履歷書」——「30年計畫的人生指南」

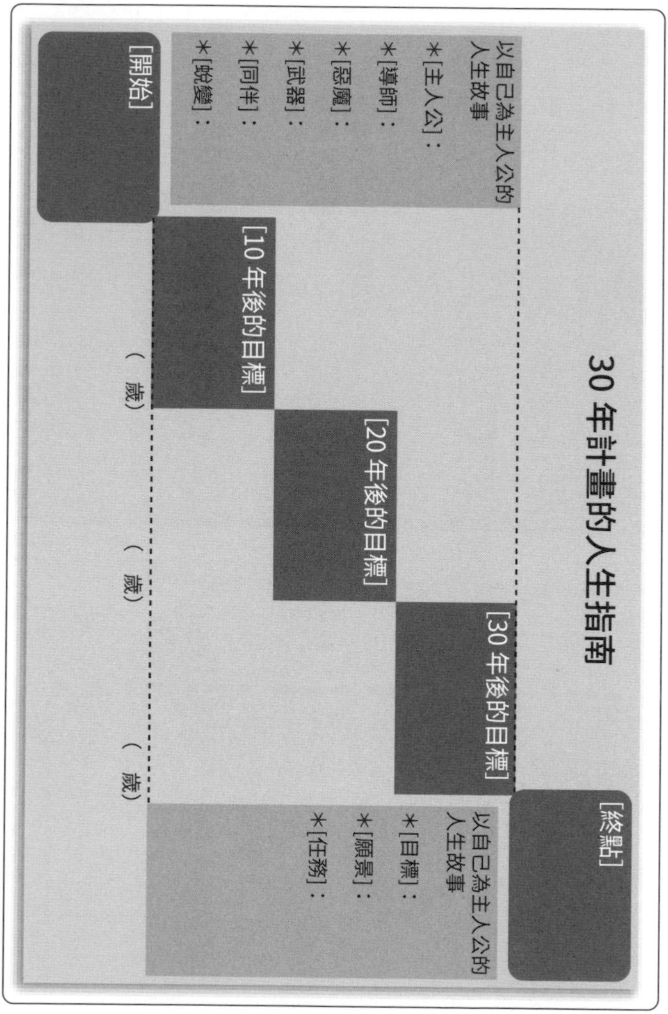
30年計畫的人生指南
以自己為主人公的人生故事
*[主人公]：
*[導師]：
*[惡魔]：
*[武器]：
*[同伴]：
*[蛻變]：
[開始]
[10年後的目標]
（　歲）
[20年後的目標]
（　歲）
[30年後的目標]
（　歲）
[終點]
以自己為主人公的人生故事
*[目標]：
*[願景]：
*[任務]：

未來履歷書：人生 100 年時代，設計你的未來商業藍圖

あしたの履歴書——目標をもつ勇気は、進化する力となる

作者	高橋恭介（Kyosuke Takahashi）
	田中道昭（Michiaki Tanaka）
譯者	王榆琮
主編	陳子逸
設計	許紘維
校對	渣渣
特約行銷	劉妮瑋
發行人	王榮文
出版發行	遠流出版事業股份有限公司
	100 臺北市南昌路二段 81 號 6 樓
	電話／(02) 2392-6899
	傳真／(02) 2392-6658
	劃撥／0189456-1
著作權顧問	蕭雄淋律師
初版一刷	2020 年 5 月 1 日
定價	新臺幣 350 元
ISBN	978-957-32-8766-7

遠流博識網 www.ylib.com

國家圖書館出版品預行編目（CIP）資料

未來履歷書：人生 100 年時代，設計你的未來商業藍圖
高橋恭介、田中道昭著；王榆琮譯
初版；臺北市；遠流；2020.05
320 面；14.8 × 21 公分
譯自：あしたの履歷書――目標をもつ勇気は、進化する力となる
ISBN：978-957-32-8766-7（平裝）

1. 職場成功法　2. 生涯規畫　3. 設計管理

494.35　　109004574